北京华信恒远信息技术研究院 策划

高等学校自动识别技术系列教材

自动识别技术导论

中国物品编码中心　中国自动识别技术协会／编著

AUTOMATIC
IDENTIFY
TECHNOLOGY

U0435377

WUHAN UNIVERSITY PRESS
武汉大学出版社

图书在版编目(CIP)数据

自动识别技术导论/中国物品编码中心,中国自动识别技术协会编著.—武汉:武汉大学出版社,2007.5
高等学校自动识别技术系列教材
　ISBN 978-7-307-05517-9

Ⅰ.自… Ⅱ.①中… ②中… Ⅲ.自动识别—高等学校—教材 Ⅳ.TP391.4

中国版本图书馆 CIP 数据核字(2007)第 049626 号

责任编辑:任　翔　　责任校对:王　建　　版式设计:詹锦玲

出版发行:**武汉大学出版社**　(430072　武昌　珞珈山)
　　　　　(电子邮件:cbs22@whu.edu.cn　网址:www.wdp.com.cn)
印刷:武汉中远印务有限公司
开本:787×1092　1/16　　印张:14.625　字数:254 千字　插页:1
版次:2007 年 5 月第 1 版　　2008 年 11 月第 2 次印刷
ISBN 978-7-307-05517-9/TP・241　　定价:22.00 元

版权所有,不得翻印;凡购我社的图书,如有缺页、倒页、脱页等质量问题,请与当地图书销售部门联系调换。

丛书序言

今天,随着国民经济和科学技术的快速发展,条码已经成为全球通用的商务语言,无线射频技术正在应用于铁路、物流、邮政、公共安全、资产管理、物品追踪与定位等多个领域,以指纹识别技术为代表的生物识别技术开始在金融、公共安全等领域得到逐步推广,这一切都预示着自动识别技术的应用将大大促进我国各领域信息化水平的进一步提高。

20世纪80年代末期,条码技术开始在我国得到普及和推广。作为一种数据采集的标准化手段,通过对供应链中的制造商、批发商、分销商、零售商的信息进行统一编码和标识,为实现全球贸易及电子商务、现代物流、产品质量追溯等起到了重要作用。随着2003年中国"条码推进工程计划纲要"的提出和实施,条码技术已经开始涉及到国民经济的各个领域。

二十多年后的今天,以条码技术、射频识别技术、生物特征识别技术为主要代表的自动识别技术,在与计算机技术、通信技术、光电技术、互联网技术等高新技术集成的基础上,已经发展成为21世纪提高我国信息化建设水平,促进国际贸易流通,推进国民经济效益增长,改变人们生活品质,提高人们工作效率,获得舒适便利服务的有利工具和手段。

为推动中国自动识别技术产业的持续性发展,培养和造就服务于自动识别产业和相关产业的专业人才,中国自动识别技术协会作为国家级的行业组织,经过充分的市场调研和反复的需求论证,从2006年夏季开始,在国内部分高等院校推动自动识别技术专业方向的学历教育。这是国内首次将自动识别技术教育以专业教育的形式引入高等学历教育领域的尝试和突破。

为配合自动识别专业人才的培养教育，中国自动识别技术协会组织有关专家、学者、高级工程技术人员，共同设计了国内第一套自动识别技术教育大纲，并组织撰写了与之配套的自动识别技术高等学历教育教材，以满足教学需要。

全套教材将涉及自动识别技术导论、条码技术、射频识别技术、生物识别技术、电子数据交换技术与规范、图像处理与识别技术、密码原理、自动识别产品设计等内容，从2007年5月起陆续分册出版发行。

技术的发展没有止境，知识的进步没有边际。在我们试图总结自动识别产业专家学者和技术人员的知识和经验时，我们也意识到这套教材只是我们的初次探索，是推动中国自动识别产业人才战略的第一步。我们希望这套教材能够为广大学子奠定行业知识的基础，真心祝愿学子们成为自动识别产业坚实的后备力量。

最后，真诚欢迎国内外各界人士和自动识别产业业界的朋友对全套教材提出批评和指正。

2007年1月

前　言

　　自动识别技术是以计算机技术和通信技术为基础的一门综合性应用科学技术，是实现信息数据快速、准确、自动采集的有效手段，涵盖数据编码、采集、载体、传输等多个技术方面，形成了包括条码识别技术、射频识别技术和生物特征识别技术（包括语音识别技术、图像识别技术等）在内的技术体系。

　　随着我国信息化建设和国际化发展进程的加快，自动识别技术已广泛应用于批发零售、物流仓储、邮政通讯、电子政务、工业制造、交通运输、医疗卫生、食品追溯、信息安全等领域，在我国国民经济的发展中发挥着重要作用。自动识别技术发展潜力巨大，具有广阔的市场前景。为了在更大范围内普及自动识别技术知识，满足自动识别行业发展迫切的人才需求，特邀请有关专家学者编写了本书。

　　本书作为自动识别技术高等学历教育系列教材之一，对自动识别技术进行了全面的概述，特别对自动识别技术的基础部分——编码技术作了较为详细的介绍，通过本书的学习，读者能对自动识别技术的发展有一个整体和全面的了解。全书共分为7章，内容力求丰富全面，对条码识别技术、射频识别技术、语音识别技术、图像识别技术以及生物特征识别技术等进行了概括性介绍。

　　本书可作为高等院校自动识别技术专业方向的教材，也可以作为从事自动识别技术研究与应用、物流信息系统规划等领域内的工作人员以及自动识别技术应用行业的企业、事业单位工作人员的专业知识读本。

　　参加本书编写工作的同志有：张成海、罗秋科、矫云起、谢颖、钱恒、李素彩、刘丽梅、苏冠群、李娟、王慧涛、王玎、卢菲菲、武岳山、韩树文、王也凡、李长军等。

在本书编写过程中，得到了田捷、林行刚、杜利民等专家的指导，在此一并表示感谢。

由于时间、水平所限，本书还存在许多不足之处，敬请各位专家与读者批评指正。

编 者

2007 年 1 月

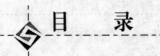

目　录

第1章　绪论 … 1
1.1　识别的概念 … 1
1.1.1　自然识别 … 2
1.1.2　模式识别 … 2
1.1.3　自动识别 … 5
1.2　自动识别技术的发展史 … 6
1.2.1　自动识别技术发展的历史进程 … 6
1.2.2　自动识别技术的发展现状 … 18
1.2.3　自动识别技术在经济发展中的作用 … 20
1.2.4　自动识别技术的发展趋势 … 22
1.3　自动识别技术体系 … 26
1.3.1　条码识别技术 … 28
1.3.2　射频识别技术 … 34
1.3.3　生物特征识别技术 … 37
1.3.4　语音识别技术 … 48
1.3.5　图像识别技术 … 55
1.3.6　光字符识别技术 … 59

第2章　编码概述 … 63
2.1　物品编码 … 64
2.1.1　物品分类编码 … 64
2.1.2　物品标识编码 … 65
2.1.3　物品属性编码 … 66
2.2　信源编码 … 66
2.2.1　霍夫曼编码 … 67

2.2.2　算术编码 …… 67
　2.3　信道编码 …… 68
　　2.3.1　分组码 …… 69
　　2.3.2　卷积码(convolution codes) …… 70
　　2.3.3　Turbo 码 …… 70
　2.4　安全通信编码 …… 71
　　2.4.1　对称密码算法 …… 71
　　2.4.2　公开密钥算法 …… 72

第3章　载体 …… 74
　3.1　条码标签 …… 74
　3.2　射频标签 …… 76
　　3.2.1　射频标签简介 …… 76
　　3.2.2　射频标签的制作与封装 …… 78
　3.3　卡 …… 79
　　3.3.1　磁卡 …… 80
　　3.3.2　IC 卡 …… 82
　　3.3.3　双界面卡 …… 86

第4章　物品分类与编码基础理论 …… 90
　4.1　集合 …… 90
　　4.1.1　集合的概念 …… 90
　　4.1.2　集合的包含关系 …… 91
　　4.1.3　集合的运算 …… 92
　　4.1.4　集合在物品分类与编码中的应用 …… 93
　4.2　事物特征与物品分类 …… 95
　　4.2.1　基本概念 …… 95
　　4.2.2　事物特征与物品分类的关系 …… 96
　4.3　信息分类与编码的基本原则和方法 …… 100
　　4.3.1　概念 …… 101
　　4.3.2　基本原则 …… 102
　　4.3.3　基本方法 …… 105
　4.4　信息分类与编码的发展趋势 …… 110

4.5 信息分类与编码标准化 ························ 111
   4.5.1 信息分类与编码标准化的作用 ················ 111
   4.5.2 物品分类与编码标准的制修定 ················ 114
   4.5.3 物品分类与编码标准的兼容 ·················· 116

第5章 代码 ······························· 125
5.1 代码的概念 ································ 125
5.2 代码的功能 ································ 127
5.3 代码编制的基本原则 ························ 128
5.4 代码的种类及其应用 ························ 130
   5.4.1 无含义代码 ······························ 130
   5.4.2 有含义代码 ······························ 133
5.5 代码的校验 ································ 141
   5.5.1 代码校验的目的和意义 ····················· 141
   5.5.2 校验码标准系统 ·························· 142

第6章 EAN·UCC系统的物品编码与载体 ········ 150
6.1 EAN·UCC编码体系 ······················· 151
   6.1.1 全球贸易项目代码 ························ 153
   6.1.2 资产标识代码 ···························· 159
   6.1.3 全球服务关系标识代码 ···················· 160
   6.1.4 全球参与方位置代码 ······················ 161
   6.1.5 系列货运包装箱代码 ······················ 162
   6.1.6 附加属性代码 ···························· 163
   6.1.7 特殊应用 ································ 166
   6.1.8 产品电子代码 ···························· 170
   6.1.9 编码转换关系 ···························· 187
6.2 载体表示 ·································· 196
   6.2.1 条码符号 ································ 196
   6.2.2 EPC标签 ································ 199

第7章 其他物品分类与编码标准 ················ 203
7.1 产品总分类 ································ 203

7.2 全球产品分类 ··· 206
7.3 联合国标准产品与服务分类 ······································· 208
7.4 商品名称及编码协调制度 ··· 210
7.5 联邦物资编码系统 ··· 212
7.6 车辆识别代号 ·· 213

附录：国际国内相关机构 ·· 216
  1 国际相关机构 ·· 216
    1.1 国际物品编码协会 ··· 216
    1.2 EPCglobal ·· 217
  2 国内相关机构 ·· 218
    2.1 中国物品编码中心 ··· 218
    2.2 EPCglobal China ·· 220
    2.3 中国自动识别技术协会 ·· 221

主要参考文献 ·· 223

第1章 绪 论

自动识别技术在经济全球化、贸易国际化、信息网络化的推动下,已越来越广泛地应用于商业流通、物流、邮政、交通运输、医疗卫生、航空、图书管理、电子商务、电子政务等多个领域。在数字化时代的今天,其相关技术的广泛应用提高了人们的工作效率,改善了传统的工作流程,为管理工作的科学化、现代化作出了重要贡献。

为了便于对自动识别技术的理解,本章将主要介绍识别的概念、自动识别技术的发展史和自动识别技术的体系等内容。

1.1 识别的概念

识别是一项人类社会活动的基本需求。人们彼此相识,获得有关对方的一些信息是一种识别,为有差异的事物命名是一种识别,为便于管理而为一个单位的每一个人或一个包装箱内的每一件物品进行编号也是一种识别。因此,识别是一个集定义、过程与结果于一体的概念。

为事物命名是识别概念的定义阶段;每当遇到一样事物时,我们用眼、耳、鼻、舌或触觉,甚至采用一系列复杂仪器设备、检验方法(如医院的化验、检验等)对其进行辨识需要一个过程,即为识别的过程(应用)阶段;识别过程结束所得的结论即为识别的结果。在识别的过程中,识别的主体是人,客体是被识别的事物。如果是人与人之间的识别,则对识别的主体方而言,被识别的一方即为客体。

随着社会的进步和发展,人们所面临的识别问题越来越复杂,完成识别所花费的人力代价也越来越大,在某些情况下,通过简单的人工识别已经不可能(超出了人的能力范围)有效地完成。这方面的例子很多,如超级商场的物品识别管理、全国的户籍管理(身份证管理)、铁路货车管理(车号管理)、小区停车场自动收费管理等。

随着计算机等技术的发展，为了解决人的自然识别所带来的限制，人们研究了各种基于计算机技术及其他技术的识别方法。

1.1.1 自然识别

自然识别即人类的感官识别，这在人类的日常生活中随处可见。环顾四周，我们能认出周围的物体是桌子、椅子，能认出对面的人是张三、李四；听到声音，我们能区分出是汽车驶过还是玻璃破碎，是猫叫还是人语，是谁在说话，说的是什么内容；闻到气味，我们能知道是炸带鱼还是臭豆腐。我们所具备的这些识别能力看起来极为平常，谁也不会对此感到惊讶，就连猫狗也能认识它们的主人，更低等的动物也能区别食物和敌害。

再比如说，孩子很小的时候就能够认识自己的父母，能够分辨出熟悉的声音，能够进行正常的阅读，能够记忆周围的环境，这些都是人们习以为常的能力。除了不能够阅读之外，动物也具有这些识别能力。

对于人类而言，识别就是辨别、辨认的过程，即将观察样本与记忆影像相对比，评价是否一致。人脑是个具有海量存储的数据库、信息库、知识库，人类通过感官把看到的、听到的、嗅到的、尝到的与触摸到的事物都储存在大脑里。当再次遇到以前接触过的事物时，就会将此事物与大脑中的记忆影像比对，判断两者是否相同。一般来说，这个识别过程是在无意识状态下进行的，因为这是人类的一种本能。完成这一识别过程的生物学机理显然很复杂，且不为人类自身所完全了解，但这种识别工作对于人类甚至对于动物来说的确是轻而易举的事情。

1.1.2 模式识别

模式识别（pattern recognition）是一种从大量信息和数据出发，在专家经验和已有认识的基础上，利用计算机和数学推理的方法对表征事物或现象的各种形式的信息（数值的、文字的和逻辑关系的，包括形状、模式、曲线、数字、字符格式和图形等形式）进行处理和分析，对事物或现象进行描述、辨认、分类和解释，自动完成识别的过程。模式识别是信息科学和人工智能的重要组成部分。

所谓模式是指被判别的事件或过程，可分为抽象的和具体的两种形式。前者如意识、思想、议论等，属于概念识别研究的范畴，是人工智能的另一研究分支；后者指具体的物理实体，如文字、图片等。

模式识别研究主要集中在两方面，一是研究生物体（包括人）是如何感知对象的,属于认识科学的范畴;二是在给定的任务下,如何用计算机实现模式识别的理论和方法。前者是生理学家、心理学家、生物学家和神经生理学家的研究内容;后者通过数学家、信息学专家和计算机科学工作者近几十年来的努力,已经取得了系统的研究成果。

1. 模式识别系统

一个计算机模式识别系统基本上由四部分组成,即数据获取、数据处理、特征参数提取和分类决策或模型匹配,其具体的结构如图1-1所示。

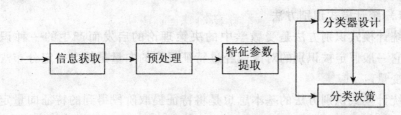

图1-1 模式识别系统的基本结构

1) 数据获取

任何一种模式识别方法都首先要通过各种传感器把被研究对象的各种物理变量转换为计算机可以接受的数值或符号(串)集合。习惯上,称这种数值或符号(串)所组成的空间为模式空间。

2) 预处理

为了从上述这些数值或符号(串)中抽取对识别有效的信息,必须对它们进行处理,其中包括消除噪声、排除不相干的信号、与对象的性质和采用的识别方法密切相关的特征的计算(如表征物体的形状、周长、面积等)以及必要的变换(如为得到信号功率谱所进行的快速傅立叶变换)等。

3) 特征参数提取

通过特征参数的选择和提取或基元选择形成模式的特征空间,以后的模式分类或模型匹配就在特征空间的基础上进行。

4) 分类决策

分类决策就是在特征空间中用统计方法把被识别对象归为某一类别。基本做法是在样本训练集的基础上确定某个判决规则,使按这种判决规则对被识别对象进行分类所造成的错误识别率最小或引起的损失最小。

模式识别系统的输出或者是对象所属的类型,或者是模型数据库中与对象最相似的模型编号,针对不同的应用目的,这几部分的内容可以有很大的差别，特别是在数据处理和识别这两部分。为了提高识别结果的可靠性，往往需要加入知识库（规则），以对可能产生的错误进行修正，或通过引入限制条件，大大缩小待识别模式在模型库中的搜索空间，以减少匹配计算量。在某些具体应用中，如机器视觉，除了要给出被识别对象是什么物体外，还要求给出该物体所处的位置和姿态，以引导机器人的工作。

2. 模式识别方法

模式识别目前已形成了两种基本的识别方法，即统计模式识别方法和结构（句法）模式识别方法。

1）统计模式识别方法

统计模式识别方法是受数学中的决策理论的启发而产生的一种识别方法，它一般假定被识别的对象或经过特征提取的向量是符合一定分布规律的随机变量。

统计模式识别方法的基本思想是将特征提取阶段得到的特征向量定义在一个特征空间中，这个空间包含了所有的特征向量，不同的特征向量或者说不同类别的对象都对应于该空间中的一点。在分类阶段，则利用统计决策的原理对特征空间进行划分，从而达到识别不同特征对象的目的。统计模式识别方法中应用的统计决策分类理论相对比较成熟，研究的重点是特征提取。

2）结构（句法）模式识别方法

结构（句法）模式识别方法的基本思想是把一个模式描述为较简单的子模式的组合，子模式又可描述为更简单的子模式的组合，最终得到一个树形的结构描述，在底层的最简单的子模式称为模式基元。

在结构（句法）方法中，选取基元的问题相当于在统计模式识别方法中选取特征的问题。通常要求所选的基元能对模式提供一个紧凑的反映其结构关系的描述，又要易于用非结构（句法）方法加以抽取。显然，基元本身不应该含有重要的结构信息。模式以一组基元和它们的组合关系来描述，称为模式描述语句，这相当于在语言中的句子和短语用词组合，词用字符组合一样。基元组合成模式的规则，由所谓语法来指定。一旦基元被鉴别，识别过程可通过句法分析进行，即分析给定的模式语句是否符合指定的语法，满足某类语法的即被分入该类。

模式识别方法的选择取决于问题的性质。如果被识别的对象极为复杂，而且包含丰富的结构信息，一般采用结构（句法）方法；被识别对象不是很复杂或不含明显的结构信息，一般采用统计模式识别方法。这两种方法不能截然分开，在结构（句法）方法中，基元本身就是用统计模式识别方法抽取的。在应用中，将这两种方法结合起来分别用于不同的层次，常能收到较好的效果。

3. 模式识别的应用领域

模式识别是研究如何使机器具有感知能力，主要研究视觉模式和听觉模式的识别，如识别物体、地形、图像、字体（如签字）等。模式识别在日常生活的各方面以及军事上都有广泛的用途。模式识别的应用领域涉及如下几点：

（1）机器识别和人工智能；
（2）医学；
（3）军事；
（4）卫星遥感、卫星航空图片解释、天气预报；
（5）银行、保险、刑侦；
（6）工业产品检测；
（7）字符识别、语音识别、指纹识别。

1.1.3 自动识别

自动识别（automatic identification，简称为 Auto-ID）技术是以计算机技术和通信技术为基础的一门综合性科学技术，是数据编码、数据采集、数据标识、数据管理、数据传输的标准化手段。多年的技术积累和集成形成了包括条码识别技术、射频识别技术、生物特征识别技术、语音识别技术、图像识别技术等在内的自动识别技术体系。

自动识别是在上述识别的基础上，通过将信息编码进行定义、代码化，并装载于相关的载体（如条码符号、射频标签等）中，借助特殊的设备，实现定义信息的自动识别、采集，并输入信息处理系统的识别。

信息被人们获取之后，它的第一个作用是通过传递供人们共享、互通信息。进一步的作用是处理，从中提炼知识，达到认知、认识世界的目的。再前进一步，它的作用就是与知识、目标一起，共同生成解决问题的策略（决策）。而决策信息下一步就是转变为具体的行为，以解决问题。信息的这一系列作用使它对人类具有特别重要的意义。

自动识别技术就是这样一种技术系统，它是一个以信息处理为主的技术系统，最主要的目的是提供一个快速、准确地获得信息的有效手段，其处理的结果可作为管理工作的决策信息或自动化装置等技术系统的控制信息。

自动识别技术的出现解决了计算机数据输入速度慢、错误率高等造成的瓶颈问题。计算机与传感器等技术的不断进步和自动识别技术自身的研究向着深度和广度发展，推动着自动识别技术装备向着多功能、小型化、软硬件并举、识别准确、传递快速、安全可靠且经济适用等方向发展。因此，自动识别技术极大地提高了数据输入的工作效率，同时使得数据输入技术的自动化水平和智能化程度不断提高。而自动识别系统输出的结果是意义十分明确的可用信息，此信息可以作为操作者正确决策的基础。

1.2 自动识别技术的发展史

1.2.1 自动识别技术发展的历史进程

自动识别技术体系的建立与发展经历了漫长的历史进程。从早期的条码自动识别技术，到现在受到广泛关注的射频识别技术（radio frequency identification, RFID）、生物特征识别技术、图像识别技术等，都无不体现了时代的进步与社会需求的变革。

1. 条码自动识别技术发展的历史进程

条码技术最早产生于20世纪20年代，诞生于威斯丁豪斯（Westinghouse）的实验室里。一位名叫 John Kermode 的发明家想对邮政单据实现自动分拣，他的想法是在信封上做条码标记，条码中的信息是收信人的地址，就像今天的邮政编码。然后，他又发明了由基本的元件组成的条码识读设备：一个扫描器（能够发射光并接收反射光），一个测定反射信号"条"和"空"的方法，即边缘定位线圈，以及使用测定结果的方法，即译码器。

此后不久，Kermode 的合作者 Douglas Young 在 Kermode 码的基础上做了一些改进，新的条码符号可在同样大小的空间对一百个不同的地区进行编码，而 Kermode 码只能对十个不同的地区进行编码。

直到1949年的专利文献中才第一次有了 Joe Woodland 和 Beny Silver 发明的全方位条码符号的记载，在这之前的专利文献中始终没有条码技术的记录，也没有投入实际应用的先例。Joe Woodland 和 Beny Silver 的想法是利用 Kermode 和 Young 的垂直的"条"和"空"，并使之弯曲成环状，非常像射箭的靶子。这样，扫描器通过扫描图形的中心能够对条码符号解码。此后，条码的应用及相关产品相继出现。

1967年，位于美国俄亥俄州辛辛那提市的 Kroger 超市安装了第一套条码扫描零售系统。1968年，第一家生产条码相关设备的公司——美国的

Computer-Identics 公司由 David Collins 创建。1969 年,第一台固定式氦-氖激光扫描器由该公司研制成功。

但是条码的实际应用和发展还是在 20 世纪 70 年代。1970 年,美国超级市场 AdHoc 委员会制定了通用商品代码 UPC 条码(universal product code),UPC 商品条码首先在杂货零售业中试用,这为以后该码制的统一和广泛采用奠定了基础。

1971 年,AIM(国际自动识别技术制造商协会)成立,当时有 4 家成员公司:Computer-Identics、Identicon、3M(minnesota mining and manufacturing company,明尼苏达矿业及制造公司,成立于 1902 年,总部位于美国明尼苏达州首府圣保罗市)以及 Mekoontrol。

1972 年,又研发出多种条码码制。

1)Plessey 码制

第一个欧洲码制 Plessey 由英国 Plessey 公司推出。该码制及系统最初是为国防部的文件处理系统而设计的,后在图书管理中得到应用。

2)交插二五条码

交插二五条码由美国易腾迈(Intermec)公司的 David Allais 博士发明,提供给 Computer-Identics 公司使用,该条码可在较小的空间容纳更多的信息。

3)库德巴条码(Codabar)

库德巴条码(Codabar)由美国的莫那奇·马金(Monarch Marking)等人研制成功,该码制是第一个利用计算机校验准确性的码制。库德巴条码研制成功后,开始广泛应用于医疗卫生和图书管理以及邮政快递,美国输血协会还将其作为血袋标识码。

在本年度,还生产了一些条码的便携式扫描设备,它为实现"从货架上直接写出订单"提供了便利,大大减少了制定订货计划的时间。如美国 Control Module 公司的 Jim Bianco 研制出 PCP 便携式条码阅读器,这是首次在便携机上使用微处理器(Intel 4004)和数字盒式存储器,此存储器提供 500K 存储空间,为当时之最。Norand 公司的第一台便携式扫描装置 Norand101 的问世预示着便携式扫描装置在零售业应用的发展,并开拓了自动识别技术的一个崭新领域。

此外,NCR 公司(总部设在美国俄亥俄州戴顿市)还推出了用于零售 POS 系统的彩色条码。

随着条码技术的发展,1973 年,美国统一代码委员会 UCC(uniform

code council）建立了通用商品条码 UPC（universal product code）应用系统。在美国奥克马州的 Marsh 超级市场安装了第一台 UPC 条码识读扫描器，开始了条码在零售业大规模的应用。

1974 年，第一种字符条码码制三九码由易腾迈（Intermec）公司的 David Allais 博士和 Ray Sterens 研制成功。

1976 年，UPC 商品条码应用系统在美国和加拿大的超级市场上获得成功的应用，引起了欧洲各国对条码技术的关注。1977 年，欧洲建立了自己的欧洲物品编码系统（European article numbering system，简称 EAN 系统），并正式成立了欧洲物品编码协会（European article numbering association，简称 EAN）。

条码在商业领域的应用对条码的质量提出了更高的要求，使得条码的检测和标准化成为当务之急。1978 年，第一台注册专利的条码检测仪 Lasercheck 2701 由美国的讯宝（Symbol）公司推出。

20 世纪 70 年代，日本也开始了对条码识别技术的关注，于 1978 年加入国际物品编码协会，开始了厂家登记注册，并全面转入条码技术及其系列产品的开发工作，并在 80 年代有所突破。1980 年，日本的佐藤株式会社（Sato 公司）推出第一台热转印打印机 5323 型，该打印机最初是为零售业打印 UPC 条码设计的。

20 世纪 80 年代，欧美也生产了一些有影响力的条码产品，二维条码出现，多种条码开始应用并得到标准化。1981 年，128 条码由 Computer Identics 公司推出。1982 年，讯宝（Symbol）公司推出 LS7000，这是首台成功的商用手持式、移动光束激光扫描器，标志着便携式激光条码扫描器应用的开始。1983 年，ANSI MH10.8M 成为第一个美国国家技术标准，它包括三种码制：39 码、库德巴码、交插二五码。汽车工业行动小组（AIAG）选用 39 码作为行业标准，这是第一个制造行业使用条码。1984 年，美国医疗保健业条码委员会采用 39 码作为其行业标准。1985 年，美国 BISAC 图书行业系统顾问委员会采用书刊 EAN 条码。1987 年，第一个二维条码 49 码由 David Allais 博士研制成功，易腾迈（Intermec）公司推出。1988 年，美国 Laserlight 系统公司的 Ted William 先生推出第二种二维条码 16K 码。

在整个 80 年代，随着条码技术的发展和各种应用的扩展，相应的物品编码组织也发生了很大的变化。1981 年，欧洲物品编码协会（EAN）已经发展成为一个国际性组织，改名为国际物品编码协会（international article numbering association，简称 EAN International）。1988 年底，我国成立中国物品编码中心。

进入 90 年代后,一维条码继续发挥其优势,二维条码得到了较快的发展。1990 年,美国国家标准 ANSI X 3.182 "条码印制质量"颁布。同年,讯宝(Symbol)公司推出 PDF 417 二维条码。1994 年,日本 Denso 公司发明 QR 码(quick response code)。

进入 21 世纪,条码技术已经成熟。国际上的编码组织又发生了新的变化,趋于整合。继 2002 年 11 月美国统一代码委员会(UCC)和加拿大电子商务委员会(ECCC)加入国际物品编码协会后,在 2005 年 2 月,EAN International 正式向全球发布了更名信息,将组织名称正式变更为 GS1。

2. 射频识别技术发展的历史进程

曾工作于美国洛斯阿拉莫斯国家实验室的 Jeremy Landt 博士是 RFID 技术最初的五位研究人员之一。他在《光阴荏苒——RFID 技术的历史》(Shrouds of Time—The History of RFID) 一文中写道:"在历史的进程中,有些事情会随着时间的推移被人们遗忘。对后来者来说,追根溯源将是一项艰巨而富有挑战性的任务。但是,只有了解过去才能展望未来,最终它将会带给我们应有的回报。不管我们是否意识到,RFID 已经成为我们生活中的重要组成部分。它在效率和方便性等方面的优势使得其在成百上千的地方都有应用,如汽车防盗系统、不停车收费管理、交通管理、门禁系统、停车场自动化、机动车通道控制系统、机场或者校园的一体化管理、物流配送、滑雪场管理、图书管理、供应链管理资产追溯与跟踪,甚至买个汉堡包都离不开它。"

RFID 技术可称为无线通讯技术的一种。追溯无线通讯技术,我们可以看到一系列的重要事件:从公元前一世纪中国人发明的指南针,到 18 世纪的发明家本杰明·富兰克林,再到 19 世纪的迈克尔·法拉第、詹姆斯·麦克斯维尔、海因里希鲁道夫·赫兹、亚历山大·波波夫、古列尔莫·马克尼等先驱,人们对未知领域不断的探索使电磁技术和无线电技术产生了前所未有的跨越。1906 年,第一台连续波信号发生器和无线信号接收器的诞生标志着近代无线通讯时代的诞生。20 世纪初,大约于 1922 年,雷达诞生了。

RFID 技术很早就和军事联系在一起。在 20 世纪 30 年代第二次世界大战期间,英国空军受到雷达工作原理的启发,开发了敌我飞机识别 (identification friend or foe, IFF) 系统,希望被物体反射回来的雷达无线电波信号中能够包含敌我识别的信息,从而避免误伤,当时的应用仅仅是一种加密的 ID 号而已。

1948年10月，哈里·斯托克曼发表的《利用能量反射进行通讯》一文奠定了射频识别技术的理论基础。实现哈里·斯托克曼的梦想走了30年，相关的技术如晶体管、集成电路、微处理器、通讯网络在这期间相继取得突破。20世纪50年代，F. L. 弗农提出"微波零差应用"的设想，D. B. 哈里斯也申请了"带可调制无源应答器的无线传输系统"的发明专利；1963~1964年，R. F. Harrington在他的《主动散射体的场测量方法》和《加载散射体理论》等论文中研究了RFID相关的电磁理论；Robert Richardson于1963年发明"遥控启动射频装置"；J. P. Vinding于1967年发明"询问器-应答器识别系统"；J. H. Vogelman于1968年发明"利用雷达波束的被动数据传输技术"；Otto Rittenback于1969年发明"雷达波束通信"，RFID技术发展的车轮开始转动。

最初的商业行为也在20世纪60年代开始出现。如60年代末期成立的Sensormatic和Checkpoint公司，它们与Knogo等公司开发了电子防盗器（EAS）来对付商场里的窃贼。这类系统使用存储量只有1比特的标签来表示商品是否已售出，既可以使用基于超高频和微波的电磁反射系统，也可以使用基于高频的电磁感应系统，价格便宜，又可以有效地遏制偷窃行为，被认为是RFID技术首个世界范围的商用模式。

进入20世纪70年代，RFID技术继续吸引人们的广泛关注，射频识别技术与产品研发在此阶段处于一个大发展时期，各种射频识别技术测试得到加速发展。在工业自动化和动物识别方面出现了一些最早的射频识别商业应用。制造、运输、仓储等行业都试图研究和开发基于IC的RFID系统的应用，如工业自动化、动物识别、车辆跟踪等。

例如，Raytheon公司（美国国防公司）于1973年推出了"RayTag"，RCA公司（美国老牌电器公司）的Richard Klensch于1975年开发了"电子识别系统"，F. Sterzer于1977年开发了"汽车电子车牌"，Fairchild公司（美国精密仪器商）的Thomas Meyers和Ashley Leigh于1978年开发了"被动编码的微波发射机"等。纽约-新泽西港还对通用电子、西屋电器、飞利浦和Glenayre等公司建立的系统进行了测试，结果令人满意。在欧洲，由于动物标记受到重视，瑞典的Alfa Laval公司、荷兰的Nedap公司等都开发了各自的RFID系统。国际桥梁隧道和收费公路协会（IBTTA）以及美国联邦高速公路管理局于1973年资助的一次会议，结束了没有政府部门关注电子车牌识别标准的历史。

在此期间，基于IC的标签体现出了可读写存储器、更快的速度、更远的距离等优点。但这些早期的系统仍然是专有的设计,没有相关的标准,也没有功率和频率的管理。

RFID 技术在 20 世纪 80 年代开始较大规模的应用,射频识别技术及产品进入商业应用阶段,在不同地域和不同应用方向上焕发生机。美国人关注的主要在于交通管理、人员控制,对动物管理的需求次之;而欧洲人则主要关注动物识别以及工商业的应用。挪威于 1987 年建成了全球第一个商业化公路电子收费系统,在意大利、法国、西班牙和葡萄牙等国的高速公路上,也相继安装了该系统。美国铁路协会和集装箱管理合作计划委员会积极推动 RFID 技术的应用。RFID 电子收费系统的测试持续了数年,继挪威之后于 1989 年在达拉斯北部的公路投入使用。同时,纽约-新泽西港也开始在经过林肯隧道的公共汽车上运行 RFID 系统。RFID 技术终于通过电子收费系统找到实用化的立足点,并不断扩大其应用领域。

20 世纪 90 年代,射频识别技术的标准化问题日趋得到重视,射频识别产品得到广泛的采用,并逐渐成为人们生活中的一部分。在这个时期,多个区域和公司开始注意这些系统之间的互操作性,即运行频率和通信协议的标准化问题。只有标准化,RFID 技术才能得到更广泛的应用。比如,这时期美国出现的 E-ZPass 系统。

同时,作为访问控制和物理安全的手段,RFID 卡钥匙开始流行起来,并试图取代传统的访问控制机制。这种称为非接触式的 IC 智能卡具有较强的数据存储和处理能力,能够针对持有人进行个性化处理,也能够更灵活地实现访问控制策略。沃尔玛(Wal-Mart)、美国国防部等开始推行 RFID 计划,美国铁路运输开始应用 RFID 技术。一些公司也开始进行 RFID 产品的研发。1991 年,美国 TI(texas instruments)开始成为 RFID 方面的推动先锋,建立了德州仪器注册和识别系统(texas instruments registration and identification systems,TIRIS),目前被称为 TI-RFid 系统(texas instruments radio frequency identification system),已经是一个主要的 RFID 应用开发平台。

1991 年,世界上第一个开放的高速公路电子收费系统在美国俄克拉荷马州建立。在这条公路上,汽车可以高速地通过收费点,而不需要设置升降栏杆阻挡以及照相机拍摄车牌。世界上最早的集成交通管理和收费系统也于 1992 年在休斯顿地区投入使用。堪萨斯州收费公路首次安装了符合 21 号标准(Title 21 standard,美国加州交通部门制定的电子收费规范)的读写器,使其能够识别与南部相邻的俄克拉荷马州车辆的电子标签信息。乔治亚州也迅速跟进,并使用升级之后的读写器,不仅能够读取新的 Title 21 标签,还可以兼容以前使用的标签。可以说,这两个电子收费系统的应用开创了多协议兼容的先河。德国汉莎航空公司试用非接触的射频卡作为飞机票,改变了传统的机票购销方式,简化了机场安检的手续。

欧洲的许多公司,如 Microdesign、CGA、Alcatel、Bosch 以及飞利浦的子公司 Combitech、Baume 和 Tagmaster 等也加入到 RFID 的竞赛当中。这些公司还在欧洲标准化委员会(CEN)的组织下制定了统一的欧洲电子收费标准。

亚洲也不甘落后,多个国家纷纷采用电子收费系统。1996 年,韩国在汉城(现更名为首尔)的 600 辆公共汽车上安装了 RFID 系统,还计划将这套系统推广到铁路和其他城市。在中国,佛山市政府安装了 RFID 系统用于自动收取路桥费,以提高车辆通过率,缓解公路瓶颈;上海市也安装了基于 RFID 的养路费自动收费系统;广州市将 RFID 系统应用于开放的高速公路上,对正在高速行驶的车辆进行自动收费。

值得一提的是,20 世纪 90 年代中期,中国铁道部建设的铁路车号自动识别系统(ATIS),确定 RFID 技术为解决"货车自动抄车号"的最佳方案。ATIS 系统的目标是在所有机车、货车上安装电子标签,在所有区段站、编组站、大型货运站和分界站安置地面识别设备(AEI),对运行的列车及车辆信息进行准确的识别。经计算机处理后,为 TMIS(铁路管理信息系统)等系统提供列车、车辆、集装箱实时追踪管理所需的准确的、实时的基础信息。此外,还可以为分界站货车的精确统计提供保证,为红外轴温探测系统提供车次、车号的准确信息,实现部、局、车站各级车的实时管理、车流的精确统计和实时调整等功能。在此基础上建立的铁路列车车次、机车和货车号码、标识、属性和位置等信息的计算机自动报告采集系统,实现了铁路车辆管理系统统计的实时化、自动化,成为 RFID 技术最典型的应用之一。

1999 年,美国麻省理工学院 Auto-ID 中心正式提出了产品电子代码 EPC(electronic product code)的概念,EPC 与 RFID 技术相结合,构筑无所不在的"物联网",引起了全球的广泛关注。

进入 21 世纪,全球几家大型零售商 Wal·Mart、Metro、Tesco 以及一些政府机构如美国国防部(DoD)等,相继宣布了各自的 RFID 计划。如在 2003 年,沃尔玛要求其前 100 家最大的供应商于 2005 年 1 月在向其位于美国得克萨斯州的三大物流配送中心运送产品时,产品的包装盒和货盘上必须贴有 RFID 标签。到 2006 年，已有 200 余家供应商在为沃尔玛供货的托盘上采用了电子标签。

同时，标准化的纷争出现了多个全球性的 RFID 标准和技术联盟，主要有 EPCglobal、AIM global、ISO/IEC、UID、IP-X 等。这些组织主要在标签技术、频率、数据标准、传输和接口协议、网络运营和管理、行业应用等方面试图达成全球统一的平台。

从此，RFID 技术开拓了一个新的巨大的市场。随着成本的不断降低和标准的统一，RFID 技术还将在无线传感网络、实时定位、安全防伪、个人健康、产品全生命周期管理等领域开拓新的市场。

3. 生物特征识别技术发展的历史进程

生物特征识别技术可追溯到几千年前；当时，尼罗河流域的人们就在日常交易中利用生物特征（如疤痕、肤色、眼睛的颜色、身高等）进行鉴定。生物特征识别一直为研究人员所关注，在 1686 年，意大利 Bologna 大学的学者 Marcello Malpighi 用显微镜发现了指纹的涡型，推进了对生物特征的认识。

到了 19 世纪，研究犯罪学的学者对生物特征识别产生了浓厚的兴趣，他们希望能将身体特征与犯罪倾向结合起来，由此产生了一系列测量设备，并收集了大量数据。1880 年，科学家发现每个人的指纹都独一无二，并意识到指纹可作为身份识别的可行性。从此，测量个人身体特征的概念就确定下来，指纹也成为安全部门进行身份确认的国际通用方法。

20 世纪，世界上的指纹技术在司法方面得到了广泛应用。60 年代，一些公司开发出能自动识别指纹的仪器，以用于法律的实施。在 60 代末期，美国联邦调查局 FBI（federal bureau of investigation）开始使用自动识别指纹的设备。70 年代中期，现代生物识别技术开始形成并兴起，但由于早期的识别设备比较昂贵，因而仅限于安全级别要求较高的原子能实验、生产基地等的应用。70 年代末期，已经有一定数量的自动识别指纹的设备开始在美国大范围使用。80 年代，生物特征识别技术发展了虹膜识别、掌纹识别、面部识别等利用除指纹之外的生物特征进行身份鉴定。第一个介绍测定视网膜的系统出现于此阶段。同时，剑桥大学的 Joho Daughman 教授已开始了虹膜识别技术的研究，同时对签字与面部识别技术的研究也已启动。一些公司开始从事生物特征识别。1986 年，从事掌纹识别的 Recognition System Inc. 成立。1987 年，Drs. Flom 和 Safir 研究发现：没有两个人的虹膜是相似的，这一理论获得了专利，为生物特征识别的快速发展作出了贡献。

进入 20 世纪 90 年代，更多从事生物特征识别的公司相继成立，为生物特征识别技术的发展及应用打下了基础。1990 年，从事签字识别的 PenOp Inc. 在英国成立，从事指纹识别的 Technologies Inc. 成立。1994 年，由于能用计算机辨识复杂模式的算法的发展，Drs. Atick 和 Griffin 成立了从事面部识别的 Visionics Corp.，Dr. Daugman 获得第二项基础科技的专利权——IriScan 的许可证。1996 年，从事签字识别的 Cyber Sign 在美国加州成立，从事指纹识别的 Biometric Identification Inc. 成立。1999 年，Biometrics 宣布参与 FBI 的自动指纹识别系统（AFIS）项目，其活体指纹采集系统已用于 FBI 总部。

生物特征识别技术在 21 世纪受到了格外的重视，被广泛用于反恐、刑侦、信息安全、金融安全等多方面。2000 年，美国国防高级研究项目署（DARPA）资助 HID（human identification at a distance）计划，它的任务就是开发多模式的、大范围的视觉监控技术，以实现远距离情况下人的检测、分类和识别，从而增强国防、民用等场合免受恐怖袭击的自动保护能力。2001 年，美国在"9·11"事件后连续签发了爱国者法案、边境签证法案、航空安全法案，都要求必须采用生物识别技术作为法律实施保证，要求将指纹、虹膜等生物特征加入护照中。2003 年，世界民用航空组织向其 188 个成员国公布了生物识别技术的应用规划，提出在个人护照中加入生物特征，并在进入各个国家的边境时进行个人身份的确认。此规划已获得美国、欧盟、澳大利亚、日本、韩国、南非等国的通过。

不久的将来，在各国政府的重视与推动下，生物特征识别技术将越来越深入到人们的日常生活中。以身份证、护照为基础的生物特征识别技术的应用将在社会生活的各个方面逐步开始大规模的应用。

4. 语音识别技术发展的历史进程

语音识别的研究已有 50 多年的历史。半个世纪来，从最初的特定人、孤立词识别发展到非特定人的连续语音识别，从朗读式连续语音的识别发展到如今的自然口语的识别。

最早的语音识别尝试始于 20 世纪 50 年代。1952 年，美国 Bell 实验室的 Davis、Biddulph 和 Balashek 等人建立了第一个特定人的孤立数字识别系统，这个系统通过测量每个数字元音区域的共振峰来进行孤立数字识别。1956 年，RCA 实验室的 Olson 和 Belar 基于谱测量构造了单音节词识别系统，能识别 10 个独立的音节。1959 年，美国麻省理工学院 Lincoln 实验室的 J. W. Forgie and C. D. Forgie 构造了与话者无关的元音识别器，识别了 10

个英文元音,其中使用了滤波器组的频谱分析技术。

到了60年代,语音识别的几个基本思想相继出现并公开发表。瑞典人Fant在他的博士论文《The Acoustic Theory of Speech Production》中研究了语音产生的声学机理和模型。人们还对人类听觉的生理和心理进行了研究,发现了人耳对声音中的不同的频率成分有着不同的分辨力的反应力,并提出了临界频带理论。60年代末,基于对语音的可靠的端点检测,美国普林斯顿大学RCA实验室的Martin等人提出了一系列基本的时间归一化方法,解决语音问题中的时间尺度的非均匀问题。与此同时,前苏联科学家Vintsyuk在1968年将动态规划方法应用于语音的校准,其中包含了DTW(dynamic time warping)算法的本质概念。在这期间,日本的一些研究所和大公司首先开展了语音识别的硬件实现的研究,并开发出了元音识别器、音子识别器、数字识别器等。60年代末,引人注目的成就还有Reddy在连续语音识别领域用动态音素追踪所做的研究,Reddy的研究最终催生了Carnegie-Mellon大学的语音识别研究项目。60年代多方面的基础性研究为以后20多年语音识别的迅速发展打下了基础。

70年代,语音识别的研究取得了几项里程碑式的成就,无论在理论上还是在系统实现上,都有了迅速的发展。由Itakura在1975年提出的基于线性预测编码(linear predictive coding, LPC)的谱系数不仅成功地用于低速率语音编码,而且也成为语音识别中最有效的特征参数之一。同时,日本学者Sakoe和Chiba在1978年提出了动态时间规整(DTW)算法,在孤立词语音识别中得到了广泛应用。这个期间的主流识别技术是模板匹配方法,一般把孤立字(词)视作一个整体来建立模板。70年代研究的重点集中在孤立词语音识别方面,出现了许多成功的孤立词识别系统,如CMU的Hearsay-II、IBM的大词汇量自动语音听写系统、Bell Labs的与话者无关的语音识别系统。

进入80年代以后,语音识别从基于模板的方法转向基于统计的方法。80年代中期,在几家大的实验室(主要是IBM、IDA、Dragon System)的已有的应用和广泛的出版介绍下,隐马尔可夫模型(hidden markov models, HMMs)成为研究的主流,非特定人大词汇表的连续语音识别成为可能。美国国防部于70年代开始推行的DARPA(defense advanced research projects agency)计划在这期间也对语音识别研究给予了很大的支持,很多目前非常成功的语音识别系统都是在这个计划下发展起来的。矢量量化(vector quantization, VQ)和隐马尔可夫模型的应用产生了像CMU的SPHINX这样成功的非特定人连续语音识别系统,这是世界上第一个非特定人大词汇表连续语音识别系统。

从90年代开始,随着信号处理、声学模型、语言模型、解码搜索算法等理论的日益成熟,计算机软硬件系统性能的不断提高,语音识别进入了一个快速发展的时期,非特定人大词汇表的连续语音识别系统进一步成熟,在实验室环境下可以获得很高的识别性能,并出现了一些大词汇量连续语音识别系统,如IBM的ViaVoice、CMU的SPHINX-Ⅱ、Microsoft的Whisper等。这些系统采用了大体相似的技术,即采用基于隐马尔可夫模型的声学模型、基于统计的语言模型以及动态规划的解码算法,对于朗读式的大词汇量非特定人连续语音识别的识别率通常可以达到90%~95%。

这一时期,中小词汇量的语音识别技术已经比较成熟,可以在一般的环境下得到应用,其性能可以被接受,但还面临着噪声环境下稳健语音识别的问题。时至今日,大词汇量的连续语音识别技术对应用来讲还不能够达到人们使用的要求。

在经过90年代末的快速发展之后,近几年来没有新的很大的突破,目前的发展又进入一个新的平台期,主要是面临着来自实际应用方面的重大挑战,学科研究方向目前也处于一个重要的调整时期。就目前总的研究趋势来看,研究方向越来越侧重于口语对话系统,比较活跃的研究领域有鲁棒语音识别、话者自适应技术、大词汇量关键词识别算法、语音识别的置信度估计、基于类的语言模型和自适应语言模型等。

我国汉语语音识别技术的研究也一直在紧跟国际语音识别技术研究的步伐稳步发展,其研究历程可分为以下三个阶段。

20世纪70年代至80年代的引进、移植阶段。这一时期,我国汉语语音识别技术的研究起步不久,因此以吸收和引进国外理论和技术为主,通过对汉语语音识别的实验研究和方法改进,成功地进行了以孤立字小字表、特定人、实验室环境条件为主的汉语语音识别研究,为汉语语音识别技术的研究和发展奠定了基础。

90年代初、中期的自成体系阶段。该时期在基础理论研究和实现技术上有较大的进展,逐渐走出一条适合汉语特点的研究路子,将汉语语音识别技术的研究拓展到连续语音、中大字表、非特定人语音识别及说话人识别等领域,并逐渐形成自己的研究体系,缩小了与国际研究水平的差距。

90年代后期以来的成熟阶段。该阶段,汉语语音识别技术在细化模型的设计、参数提取和优化以及系统的适应能力上取得了一些关键性的突破,汉语语音识别技术进一步成熟,并开始向市场提供应用产品。目前,中国科学院、清华大学、北京大学、沃克斯技术院等研究机构和公司都在大力发展语音识别技术。

5. 图像识别技术发展的历史进程

早在20世纪20年代,人们就利用巴特兰(Bartlane)电缆图片传输系统,经过大西洋传送了第一幅数字图像,它使传输时间从一个多星期减少到了3 h,使人们感受到数字图像传输的威力。

图像识别技术始创于20世纪50年代后期,经过近半个世纪的发展,已经成为科研和生产中不可或缺的重要部分。

在20世纪60年代,图像识别技术在航空领域得到了应用。1964年,美国喷射推进实验室(JPL)进行了太空探测工作,当时用计算机来处理测距器7号发回的月球图片,以矫正飞船上电视摄像机中各种不同形式的固有的图像畸变,这些技术都是图像增强和复原的基础。同时,他们成功地用计算机绘制出月球表面的地图。1965年,美国喷射推进实验室(JPL)对徘徊者8号发回的几万张照片进行了较为复杂的数字图像处理,使图像质量进一步提高。

自70年代末以来,由于数字技术和微机技术的迅猛发展给数字图像处理提供了先进的技术手段,因此,"图像科学"也就从信息处理、自动控制系统理论、计算机科学、数据通信、电视技术等学科中脱颖而出,成长为旨在研究图像信息的获取、传输、存储、变换、显示、理解与综合利用的一门新学科。

图像识别技术是一门跨学科的前沿高科技,从20世纪80年代中期到20世纪90年代取得了突飞猛进的发展。

通过近20多年的发展,图像处理与识别技术的发展更为深入、广泛和迅速。现在人们已充分认识到数字图像处理和识别技术是认识世界、改造世界的重要手段。目前,图像处理和识别技术已应用于多个领域,成为影响国民经济、国家防务和世界经济的举足轻重的产业。

6. 光字符识别技术发展的历史进程

1929年,德国的一位科学家率先提出了OCR的概念。20世纪50年代初,OCR技术已经进入了商业化应用阶段。到了1975年,全国零售商协会在识别商品标识、信用卡授权和库存控制等领域采用了OCR技术。在过去的几年中,由于相对低成本、高速度的计算机的出现,OCR技术有了可观的改进。近几年又出现了图像字符识别(image character recognition,ICR)

和智能字符识别（intelligent character recognition，ICR）。实际上，这三种字符自动识别技术的基本原理大致相同。

我国在 OCR 技术方面的研究工作起步较晚，在 70 年代才开始对数字、英文字母及符号的识别进行研究，70 年代末开始进行汉字识别的研究，到 1986 年，汉字识别的研究进入一个实质性的阶段，取得了较大的成果，不少研究单位相继推出了中文 OCR 产品。从 80 年代开始，OCR 的研究开发就一直受到国家"863"计划的资助，我国在信息技术领域付出的努力已经有了初步的回报。目前，我们正在实现将 OCR 软件针对表格形式的特征设计大量的优化功能，使得识别精度更高、识别速度更快，并且为适应不同环境的使用提供了多种识别方式选项，支持单机和网络操作，极大地方便了使用，使应用范围更加广泛，能达到各种不同用户的应用要求。

1.2.2 自动识别技术的发展现状

几十年来，自动识别技术在全球范围内迅猛发展。自动识别技术从一维条码到二维条码、从纸质条码到特殊材料条码，直到今天的 RFID 以及生物特征识别技术的发展，印证了一代自动识别载体到二代自动识别载体的变革过程，并形成了涉及光、机、电、计算机、系统集成等多种技术组合的高新技术体系。伴随着条码技术的成熟应用，RFID 技术正在以其第二代信息技术载体的优势呈现出飞速发展的趋势。生物识别技术以及语音识别、图像识别等自动识别技术也逐渐以其鲜明的技术特点和优势，在信息安全、身份认证等不同的应用领域显现出不可替代的作用。

美国、日本等发达国家的自动识别技术在 20 世纪 70 年代初步形成规模，它能够帮助人们快速地进行海量数据的自动采集和输入，解决了计算机应用中由于手工数据输入速度慢、出错率高等造成的"瓶颈"问题。目前在发达国家，自动识别技术已广泛应用于商业流通、工业制造、交通运输、邮电通讯、仓储物资管理以及国家安全、信息安全等领域。

我国的自动识别技术起步较晚，从 20 世纪 80 年代末开始萌芽，近十几年发展很快。部分应用领域初步形成了标准化的数据编码、数据载体、数据采集、数据传输、数据管理以及数据共享技术，已经在我国信息化建设中发挥着举足轻重的作用，为未来的电子商务平台的建设、进出口贸易的全球化以及政府的宏观调控奠定了坚实的基础。特别是在我国加入 WTO 和经济全球化趋势的背景下，自动识别技术正在进一步广泛应用于物流信息化、企业供应链和社会信息化管理等快速发展的领域，为我国整体信息化建设水平的提高、产品质量的追溯等作出了重要贡献。

我国的零售业是条码识别技术应用最先成熟的应用领域，商品条码用户已达十几万家，采用条码标识的商品达到数百万种。零售业 POS 的应用大大促进了中国零售业产值的提高，促进了物流业的飞速发展。但是，与发达国家的物流企业相比，中国的物流企业信息化的程度还比较低。条码识别技术作为物流信息化的核心技术，其在我国的应用正从起步阶段走向快速发展阶段。

如今在世界各国从事条码技术及其系列产品的开发研究、生产经营的厂商上万家，开发经营的产品数万种，成为具有相当规模的高新技术产业。中国的条码自动识别产业已经初具规模，从业企业已由最初的代理经销国外产品发展到了自行研制、开发、生产，并逐步向国产化迈进。从条码的生成设备到条码的阅读设备，从优秀的解决方案到系统集成，无不体现出我国民族产业的快速发展。

近年来，RFID 技术的发展备受各国的青睐，我国在射频识别技术方面也取得了较大的发展，得到了社会各界前所未有的关注。国家有关宏观政策及"十一五"规划的实施对我国的自主创新、吸收引进再创新、集成创新带来了良好的发展机遇。读写器、标签的研发及制造、中间件及平台的建设也正随着市场需求的不断加大，取得了实质性的推进。不同领域的应用试点、成功的解决方案以及与条码技术的集成应用，正在应市场的需求向纵深发展。

随着经济全球化、信息化进程的加快，人类对赖以生存的社会环境提出了更高的安全防范要求，特别是对个人身份的确认。而悄然兴起的生物特征识别技术由于个人的生物特性具有终生不变、因人而异和携带方便等特性，在军队、政法、银行、物业、海关、互联网等领域正发挥着不可替代的作用。在国内，从事生物识别技术研究的机构已越来越多，诸如指纹、虹膜等技术已达到国际先进水平。中国生物识别产业经过前几年市场的发展和演变，技术不断完善，核心技术开始普及，产品生产商的门槛逐渐降低，这些都使得生物识别产业将以一种较高的增长速度递增。

随着实验室语音识别研究的巨大突破，在计算机技术、软件技术和存储技术得到突飞猛进发展的同时，语音识别技术在商业领域的应用开始掀起浪潮，为企业、银行、电信、航空及其他领域带来更好、更新的业务和服务方式。

图像技术由于其应用的广泛性，已深入到家庭、社会生活中。图像技术已经在遥感、医用图像处理、工业、军事、公安、文化艺术等领域得到了应用。

随着自动识别技术与计算机技术、软件技术、互联网技术、通信技术、半导体技术的关联程度的日益紧密，自动识别技术正在逐步发展成为我国信息产业的重要组成部分，正迎来前所未有的发展机遇。随着各种新技术的进一步出现和发展，自动识别技术将出现更多的分支技术，更广泛地应用于社会信息化建设及人们的生活中。

1.2.3 自动识别技术在经济发展中的作用

自动识别技术是为各行业领域的用户提供自动识别与数据采集技术为主的信息化产品与服务的现代高新技术，它作为信息技术的一个重要分支，已成为推动国民经济信息化发展的重要基础和手段之一，其产业的发展对我国国民经济的发展和信息化建设起到了重要的作用。党的十六大报告明确指出："以信息化带动工业化，优先发展信息产业，在经济和社会领域广泛应用信息技术"。"十五"纲要中明确指出："加强条码和代码等信息标准化基础工作"。国家"十一五"规划中"RFID 产业发展专项"、"863"计划中"RFID 专项"的确立，都充分表明在经济全球化和我国加入 WTO 后的今天，自动识别技术产业的发展及技术应用的推广将在我国的经济建设中发挥举足轻重的作用。

1. 自动识别技术是国民经济信息化的重要基础和技术支撑

21 世纪是信息高速发展的数字化社会，中国要缩短与发达国家的差距，成为经济强国，必须利用现代信息技术打造数字化中国。自动识别与数据采集技术，即可以通过自动（非人工）获取项目（实物、服务等各类事物）管理信息，并将信息数据实时输入计算机、微处理器、逻辑控制器等信息系统的技术，已成为突破信息采集速度低、准确度差的最佳手段。

作为自动识别技术之一的条码技术，从 20 世纪 40 年代进行了研究开发，70 年代逐渐形成规模，近 30 年来取得了长足的发展。条码识别技术具有信息采集可靠性高、成本低廉等特点，可以实现信息快速、准确的获取与传递，可以把供应链中的制造商、批发商、分销商、零售商以及最终客户整合为一个整体，为实现全球贸易及电子商务提供了一个通用的语言环境。在金融、海关、社保、医保等部门，也可以利用条码技术对顾客的账户和资金往来进行实时的信息化管理，并伴随着电子货币的广泛应用逐步实现资金流电子化。同时，条码技术的应用发展不仅使商品交易的信息传输电子化，也将使商品储运配送的管理电子化,从而为建立更大规模快捷的物流储运中心和配送网络奠定技术基础,最终及时准确地完成电子商务的全过程。多年来,条码技术广泛成功地应用于我国的零售业、进出口贸易、电子商务,为国民经济的增长奠定了重要基础,并取得了显著的经济效益。

射频识别技术是一种非接触式的自动识别技术。它通过射频标签与射频读写器之间的感应、无线电波或微波能量进行非接触双向通信,实现数据交换,从而达到识别的目的。通过与互联网技术结合,可以实现全球范围内物品的跟踪与信息的共享。RFID 是继 Internet 和移动/无线通讯两大技术大潮之后的又一次技术大潮。RFID 技术用于身份识别、资产管理、高速公路的收费管理、门禁管理、宠物管理等领域,可以实现快速批量的识别和定位,并根据需要进行长期的跟踪管理;用于物流、制造与服务等行业,可以大幅度提高企业的管理和运作效率,并降低流通成本。随着识别技术的进一步完善和应用的广泛推进,RFID 产品的成本将迅速降低,其带动的产业链将成为一个新兴的高技术产业群。建立在 RFID 技术上的支撑环境,也将在提高社会信息化水平以及加强国防安全等方面产生重要影响。

生物特征识别技术是利用人体所固有的生理特征或行为特征来进行个人身份鉴定的技术。随着人们对社会安全和身份鉴别的准确性和可靠性需求的日益提高,以及生物特征识别技术装备和应用系统的不断完善,生物特征识别作为一门新兴的高科技技术正蓬勃发展起来。在我国,指纹识别、虹膜识别、掌纹识别等产品已开始在国家安全、金融等领域中得到推广和普及。生物特征识别技术不仅可以大大提升安全防范技术的技术层次,而且还是安全防范技术的三大主导技术之一。生物特征识别产业的发展将对我国政府的信息安全、经济秩序以及反恐怖等方面起到重要的支撑作用。

2. 自动识别技术已成为我国信息产业的有机组成部分

目前,自动识别技术已渗透到各个行业,担当着不可或缺的重要角色。自动识别技术在各行业的应用有力地支持了传统产业的升级和改造,带动了其他行业的信息化,改变了过去"高增长、高能耗"的经济增长方式,节约了制造成本,增加了国民经济效益。同时,我国自动识别技术系列产品的创新和广阔的市场需求也将成为我国国民经济新的增长点。因此,自动识别技术产业的健康发展对于国民经济新的增长方式的转变和国民经济效益的增加有着非常重要的作用。数字化宏观管理、政府的规化与决策,无不需要各领域数据的准确与及时。自动识别技术在国民经济发展过程中的应用将成为我国信息产业的一个重要的有机组成部分,具有广阔的发展前景。

3. 自动识别技术可提升企业供应链的整体效率

从企业层面上来讲，自动识别技术已经成为企业价值链的必要构成部分，是我国企业信息化的基石。自动识别技术具有提升传统产业的现代化管理水平、促进企业的运作模式和流程变革的作用。

自条码技术进入物流业和零售业以后，零售企业和物流企业的传统运作模式被打破，具有先进管理模式的现代零售企业如超级市场、大卖场等开始出现，企业可以及时获得商品信息，实现商品管理的自动化和库存的精确管理，最大限度地减少库存成本和人力成本，增强企业的综合竞争能力。

自动识别技术也为零售企业的规模扩张提供了技术支撑。当今企业间的竞争已经不是单一的企业层面之间的竞争，而是整体供应链间的竞争。而供应链上下游伙伴间信息的"无缝"连接，需要条码、射频识别等自动识别技术的支持。

近年来，EPC 的提出更是为 RFID 射频识别技术在物流供应链管理中的应用提供了广阔的市场前景。EPC 代码作为产品信息沟通的纽带，通过识别承载 EPC 代码信息的电子标签，利用计算机互联网、无线数据通讯等技术，实现对整个供应链中物品的自动识别与信息交换和共享，进而实现对物品的透明化管理。EPC 是条码识别技术的拓展和延伸，它将成为信息技术和网络社会高速发展的一种新趋势。EPC 的发展不仅会对整个自动识别产业带来变革，而且还将对提高现代物流供应链管理、电子商务和国际经济贸易，甚至对人们的日常生活和工作带来巨大而深远的影响。

1.2.4 自动识别技术的发展趋势

信息已经成为当代和未来社会最重要的战略资源之一，人类认识世界和改造世界的一切有意义的活动都离不开信息资源的开发、加工和利用。信息技术的突飞猛进，使得它的应用已经渗透到社会的各行各业、科学的各门学科，极大地提高了社会的生产力水平，同时也促进了许多相关技术的飞速发展。如识别技术、感测技术、通信技术、人工智能技术和控制技术等，都是以信息技术为平台向深度与广度飞速发展的。

自动识别技术包含多个技术研究领域，由于这些技术都具有辨认或分类识别的特性，且工作过程都大同小异，故而构成为一个技术体系，正如一条大河由许多支流组成一样。所以说，自动识别技术体系是各种技术发展到一定程度时的综合体，这一点也从侧面印证了现代科学正在由近代的"分析时代"向现代的"分析-综合时代"转变的特征。自动识别技术体系中各种技术的发展历程各有不同,但其共同点都是随着信息技术的需求与发展而发展起来的。

目前,自动识别技术发展很快,相关技术的产品正向多功能、远距离、小型化、软硬件并举、信息传递快速、安全可靠、经济适用等方向发展,出现了许多新型技术装备。其应用也正在向纵深方向发展,面向企业信息化管理的深层的集成应用是未来应用发展的趋势。随着人们对自动识别技术认识的加深,其应用领域的日益扩大、应用层次的提高以及中国市场巨大的增长潜力,为中国自动识别技术产业的发展带来了良机。

自动识别技术具有广阔的市场前景,各项技术各有所长,面对各行业的信息化应用,自动识别技术将形成互补的局面,并将更广泛地应用于各行各业。

1. 多种识别技术的集成化应用

事物的要求往往是多样性的,而一种技术的优势只能满足某一方面的需求。由于这种矛盾,必然使人们将几种技术集成应用,以满足事物多样性的要求。

例如,使用智能卡设置的密码较容易被破译,这往往会造成用户财产的损失。而新兴的生物特征识别技术与条码识别技术、射频识别技术相集成,诞生了一种新的具有广泛生命力的交叉技术。利用二维条码、电子标签数据储存量大的特点,可将人的生物特征如指纹、虹膜、照片等信息存储在二维条码、电子标签中,现场进行脱机认证,既提高了效率,又节省了联网在线查询的成本,同时极大地提高了应用的安全性,实现了一卡多用。

又如,对一些有高度安全要求的场合,需进行必要的身份识别,防止未经授权的进出,此时可采用多种识别技术的集成来实施对不同级别的身份识别。如一般级别身份的识别可采用带有二维条码的证件检查,特殊级别身份的识别可使用在线签名的笔迹鉴定,绝密级别身份的识别则可应用虹膜识别技术(存储在电子标签或二维条码中)来保证其安全性,而其中的每种识别技术,其标识载体都可以存储大量的文字、图像等信息。

再者,RFID 和 EPC 技术的出现及推广应用将增进人们对自动识别技术的关注和认识,从而进一步扩大对自动识别技术的需求。而条码识别技术作为成本低廉、应用便捷的自动识别技术,已形成了成熟的配套产品和产业链,它仍将是人们在多个领域采用自动识别技术的首选。国内的相关企业和专家正在研究 EPC 的编码技术与二维条码相结合的应用,将 EPC 代码存储到二维条码中,在不需要快速、多目标同时识读的条件下,解决单个产品的惟一标识和数据的携带。或将 EPC 编码存储在电子标签中，实现快速、多目标、远距离的同时识读。可以预见，在未来几年，EPC 将对我国的条码、电子标签市场带来更大的拉动。

2. 与无线通讯相结合是未来自动识别产业发展的重要趋势

自动识别技术与以 802.11b/g 为代表的无线局域网（wireless LAN, WLAN）技术、蓝牙技术和数字蜂窝移动通信系统（global system for mobile communication, GSM）、通用无线分组业务（general packet radio service, GPRS）、码分多址（code-division multiple access, CDMA）、全球定位系统（global positioning system, GPS）以及 3G 无线广域网数据通讯技术的紧密结合，将引领未来发展的潮流。在数据采集及标签生成等设备上集成无线通讯功能的产品，将帮助企业实现在任何时间、任何地点实时采集数据，并将信息通过无线局域网、无线广域网实时传输，通过企业后台管理信息系统对信息进行高效的管理。无线技术的应用将把自动识别技术的发展推向新的高潮。

手机识读条码的开发和应用也成为条码识别技术应用的一个亮点，目前在日、韩等国，手机识读条码识别技术已开始较大规模的应用。近两年来，国内一些公司也开始涉足这一领域的研发和应用推广。随着该技术的进一步成熟，手机识读条码将在电子商务、物流、商品流通、身份认证、防伪、市场促销等领域得到广泛的应用。

此外，随着社会和企业需要管理传输的数据日趋庞大，要求数据可以实现跨行业的交换。结合现代通讯技术和网络技术搭建的数据管理和增值服务通讯平台，将成为行业、企业数据管理和自动识别技术之间的桥梁和依托，使得政府和企业在信息化应用中的有关数据传输、通讯、可靠性以及网络差异等一系列问题得到有效的解决。

3. 自动识别技术将越来越多地应用于控制，智能化水平在不断提高

控制的基础在信息，没有信息就没有从信息加工出来的控制策略，控制就会是盲目的，就不能够达到控制的目的。信息不但是控制的基础，而且是控制的出发点、前提和归宿。

目前，自动识别的输出结果主要用来取代人工输入数据和支持人工决策，用于进行"实时"控制的应用还不广泛。当然，这与识别的速度还没有达到"实时"控制的要求有关。更重要的是，长期以来，管理方面对自动识别的要求更为迫切。随着对控制系统智能水平的要求越来越高，仅仅依靠测试技术已经不能全面地满足需要，所以自动识别技术与控制技术紧密结合的端倪开始显现出来。

在此基础上，自动识别技术需要与人工智能技术紧密结合。目前，自动识别技术还只是初步具有处理语法信息的能力，并不能理解已识别出的信息的意义。要真正实现具有较高思维能力的机器，就必须使机器不仅具备处理语法信息（仅仅涉及处理对象形式因素的信息部分）的能力，还必须具备处理语义信息（仅仅涉及处理对象含义因素的信息部分）和语用信息（仅仅涉及处理对象效用因素的信息部分）的能力，否则就谈不上对信息的理解，而只能停留在感知的水平上。所以，提高对信息的理解能力，从而提高自动识别系统处理语义信息和语用信息的能力，是自动识别技术向纵深发展的一个重要趋势。

4. 自动识别技术的应用领域将继续拓宽，并向纵深发展

自动识别技术中的条码技术最早应用于零售业，此后不断向其他领域延伸和拓展。例如，目前，条码识别技术的应用市场主要集中在物流运输、零售和工业制造这三个领域，它们的市场份额已占到全球市场的2/3左右，并且在未来5年内，这种趋势还将继续。近年来，一些新兴的条码识别技术的应用市场正在悄然兴起，如政府、医疗、商业服务、金融、出版业等领域的条码应用每年均以较高的速度增长。

从条码应用的发展趋势来看，各国特别是发达国家把条码识别技术的发展重点正向着生产自动化、交通运输现代化、金融贸易国际化、医疗卫生高效化、票证金卡普及化、安全防盗防伪保密化等领域推进。虽然我国在众多领域的应用还相对空白和薄弱，但这也正是我国条码产业发展的大好时机。

射频识别技术的发展和应用市场正在开拓。13.56 MHz的RFID系统在国内获得了广泛的应用，如居民身份证、校园一卡通、电子车票等；更低频率的RFID系统如电子防盗（EAS），也在商场、超市得到了广泛应用；在动物识别方面的应用已开始起步；在远距离RFID系统应用方面，以915 MHz为代表的RFID系统在机动车辆的自动识别方面得到了较好的应用，尤其是在铁路应用中，中国具有国际上最先进、规模也是最大的铁路车号自动识别应用系统。

在我国推广RFID技术具有重要的意义。一方面，以出口为目的的制造业必须满足国际上关于电子标签的强制性指令；另一方面，RFID的技术优势使得人们有理由相信该技术在物流、资产管理、制造业、安全和出入控制等诸多领域的应用将改变上述领域信息采集手段落后、信息传递不及时和管理效率低下的现状，并产生巨大的经济效益。

从应用发展的趋势来看，两大主流自动识别技术，即条码识别技术与射频识别技术，将有相互融合发展的趋势（条码与EPC相结合）。

5. 新的自动识别技术标准不断涌现，标准体系日趋完善

近年来，条码自动识别技术作为信息自动采集的基本手段，在物流、产品追溯、供应链、电子商务等开放环境中得到广泛应用。新的应用不断涌现，带动了新的条码识别技术标准不断出现，标准体系日趋完善。目前，企业的需求成为标准制定的动力，全球已形成标准化组织与企业共同制定国际条码识别技术标准的格局。近年来，国际标准化组织ISO/IEC的专门技术委员会发布了多个条码识别技术码制标准、应用标准。

射频识别技术无论在国内还是国外，都是自动识别技术中最引人注目的新技术。当前，射频识别技术的标准化工作在国际上正在从纷争逐步走向规范。其典型的标志是EPC global体系的EPC C1 Gen2标准纳入ISO/IEC 18000-6，面向物品标识的RFID技术标准ISO 18000系列已经发布。国内在RFID的标准化方面也基本上开始远离纷争，正在走向合作开发的道路。相关的产品标准已经制定了协会标准，并公布实施。但从目前的现状来看，标准的制定工作还远不能满足技术开发与市场应用的需求。相关标准体系的建立将是我国RFID产业面临的重要课题。

对于生物特征识别技术，我们与国际水平还有一定的差距，市场还不是很完善，缺乏技术与市场需求的良性互动。其中，最为关键的是缺乏行业应用与关键技术的统一规范与标准，从而制约了整个行业的良性发展。目前，社会公共安全行业（GA）已先后制定了指纹专业名词术语、指纹自动识别系统技术规范、数据交换格式、出入口控制系统技术要求以及指纹锁、指纹采集器等36项行业标准。但这些标准主要是针对在公安行业中的指纹识别技术，而对于其他生物识别技术及产业化领域，则属于空白。因此，生物识别技术的标准化工作迫在眉睫。

1.3 自动识别技术体系

自动识别系统是一个以信息处理为主的技术系统，它的输入端是将被识别的信息，输出端是已识别的信息。

信息处理泛指为达到各种目的而对信息所进行的变换和加工，如为了提高信息传递的抗干扰性而进行的检错和纠错编码处理，为了提高信息传递的有效性而进行的信息压缩编码处理，为了改善信息与信道的匹配而进行的调制与均衡处理，为了改善信息的安全性而进行的信息加密处理，为了发挥信息的最大效用而进行的信息分析计算、搜索与决策等。总之，信息处理是一类信息操作的总称，针对不同的目的和不同的背景，存在着各种不同的具体的信息处理手段和技术。自动识别技术广泛应用于各种商务活动和各类行业管理的信息采集与交换。

自动识别系统的输入信息分为特定格式信息和图像图形格式信息两大类。特定格式信息就是采用规定的表现形式来表示规定的信息，如条码符号、IC 卡中的数据格式都属于此类。图像图形格式信息则是指二维图像与一维波形等信息，如二维图像所包括的文字、地图、照片、指纹、语音等一维波形均属于这一类。

基于以上认识，图 1-2 给出了一种最抽象也是最一般的自动识别系统模型。

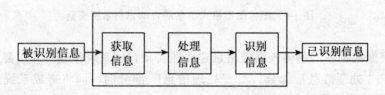

图 1-2　自动识别系统模型

这是在最抽象的功能层次上来概括自动识别系统的工作过程，也就是说，此模型适用于自动识别技术的各个研究领域。如果再深入研究各个领域，可以在此模型的基础上再具体化，此时只需考虑"处理信息"这一功能单元的具体内容。不同类别的输入信息对应着不同的自动识别系统模型，也就是说，不同类别的输入信息对应着不同的"处理信息"部分。

特定格式信息由于其信息格式固定，且具有量化特征，数据量相对较小，因此所对应的自动识别系统模型也较为简单，如图 1-3 所示。

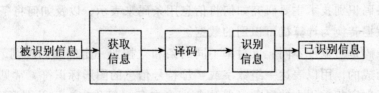

图 1-3　特定格式信息的自动识别系统模型

图像图形格式信息的获取信息和处理信息的过程较特定格式信息来说要复杂得多。首先，它没有固定的信息格式；其次，为了让计算机能够处理这些信息，必须使其量化，而量化的结果往往会产生大量的数据；最后，还要对这些数据作大量的计算与特殊的处理，故而其系统模型也较为复杂，如图1-4所示。

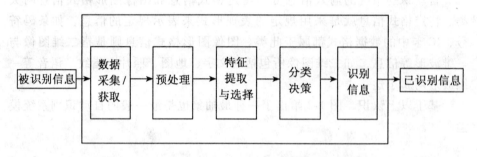

图1-4 图像图形格式信息的自动识别系统模型

根据两种不同的输入格式信息建立的自动识别系统模型，其主要的区别就在于"处理信息"部分，而"处理信息"部分的不同将造成系统构成的巨大差异。

自动识别技术依据识别的原理和方式的不同，可以分为定义识别和特征识别。定义识别是将识别对象赋予一个ID代码，并将ID代码用能够自动识别的载体进行标识，通过对载体的自动识读获得原ID代码，从而实现对对象的自动识别。特征识别是通过提取识别对象的特征，并进行特征比对，实现对对象的自动识别。通常，自动识别技术包括条码识别技术、射频识别技术、生物识别、语音识别、图像识别以及光字符识别等。

下面我们对常用的几种自动识别技术作一简要的介绍。

1.3.1 条码识别技术

条码识别技术主要研究如何将信息用条码来表示，以及如何将条码所表示的数据转换为计算机可识别的数据。

条码是由宽度不同、反射率不同的条和空按照一定的编码规则（码制）编制而成的，用以表达一组数字或字母符号信息的图形标识符。常见的条码是由反射率相差很大的黑条（简称条）和白条（简称空）以及图形组成的。

条码按其所能装载的信息容量的不同，可分为一维条码和二维条码，其中一维条码包括 EAN 条码、UPC 条码、128 条码、39 条码、交插 25 码、93 条码及库德巴条码等;二维条码的典型代表有 PDF417 码、QR 码等。条码可以标识商品的制造厂家、商品名称、生产日期、图书分类号、邮件起止地点、类别、日期等信息。随着近年来计算机应用的不断普及,条码的应用得到了很大的发展,在商品流通、图书管理、邮政管理、银行系统等许多领域都得到了广泛的应用。

1. 条码识别系统简介

为了识读条码所代表的信息,需要一套条码识别系统,它由扫描系统、信号整形电路、译码接口电路和计算机系统等部分组成(如图 1-5)。

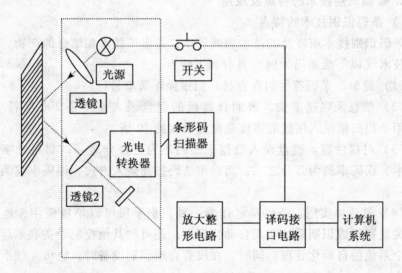

图 1-5 条码识别系统

由于不同颜色的物体,其反射的可见光不同,白色物体能反射各种波长的可见光,黑色物体则吸收各种波长的可见光,所以当条码扫描器光源发出的光经光阑及凸透镜 1 后,照射到黑白相间的条码上时,反射光经凸透镜 2 聚焦后,照射到光电转换器上。于是,光电转换器接收到与空和条相对应的强弱不同的反射光信号,并将光信号转换成相应的电信号输出到放大整形电路。空、条的宽度不同,相应的电信号持续时间的长短也不同。但是,由于光电转换器输出的与条码的条和空对应的电信号一般仅为 10 mV 左右,不能直接使用,因而先要将光电转换器输出的电信号送至放大器放大。放大后的电信号仍然是一个模拟电信号,为了避免由条码中的疵点和污点导致错误信号，在放大电路后需加一整形电路，把模拟信号转换成数字电信号，以便计算机系统能准确判读。

整形电路的脉冲数字信号经译码器译成数字、字符信息，它通过识别起始、终止字符来判别出条码符号的码制及扫描方向；通过测量脉冲数字电信号 0、1 的数目来判别出条和空的数目，通过测量 0、1 信号持续的时间来判别条和空的宽度，这样便得到了被识读的条码符号的条和空的数目及相应的宽度和所用码制，根据码制所对应的编码规则，便可将条形符号转换成相应的数字、字符信息。通过接口电路，将所得的数字和字符信息送入计算机系统进行数据处理与管理，便完成了条码识读的全过程。

2. 条码识别技术的特点及应用

1）条码识别技术的特点

条码识别技术所涉及的技术领域较广，是多项技术相结合的产物。条码识别技术（以一维条码为例）具有如下特点。

(1) 简单。条码符号制作容易，扫描操作简单易行。

(2) 信息采集速度快。普通计算机的键盘录入速度是 200 字符/min，而利用条码扫描录入信息的速度是键盘录入的 20 倍。

(3) 可靠性高。键盘录入数据，误码率为三百分之一；利用光字符识别技术，误码率约为万分之一；而采用条码扫描录入方式，误码率仅为百万分之一。

(4) 灵活、实用。条码符号作为一种识别手段可以单独使用，也可以和有关设备组成识别系统实现自动化识别，还可和其他控制设备联系起来实现整个系统的自动化管理。同时，在没有自动识别设备时，也可实现手工键盘输入。

(5) 自由度大。识别装置与条码标签相对位置的自由度要比 OCR 大得多。条码通常只在一维方向上表达信息，而同一条码上所表示的信息完全相同并且连续，这样即使标签有部分缺欠，仍可以从正常部分输入正确的信息。

(6) 成本低。条码自动识别系统所涉及到的识别符号成本以及设备成本都非常低，特别是条码符号，即使是一次性使用，也不会带来多少附加成本，尤其是在大批量印刷的情况下。这一特点使得条码技术在某些应用领域有着无可比拟的优势。再者，条码符号识读设备的结构简单、成本低廉、操作容易，适用于众多的领域和工作场合。

2）条码识别技术的应用领域

条码识别技术的特点决定了其在众多的应用领域有着较为广泛的应用。

(1) 商业零售领域

零售业是条码应用最为成熟的领域。目前，大多数在超市中出售的商品都申请使用了商品条码，在销售时，用扫描器扫描商品条码，POS系统从数据库中查找到相应的名称、价格等信息，并对客户所购买的商品进行统计，大大加快了收银的速度和准确性。更为重要的是，它使商品零售方式发生了巨大的变革，由传统的封闭柜台式销售变为开架自选销售，大大便利了顾客采购商品。同时，各种销售数据还可作为商场和供应商进货、供货的参考数据。由于销售信息能够及时准确地被统计出来，所以商家在经营过程中可以准确地掌握各种商品的流通信息，大大地减少库存，最大限度地利用资金，从而提高商家的效益和竞争能力。对于商品制造商来说，则可以及时了解产品的销售情况，及时调整生产计划，生产适销对路的商品。

(2) 仓储管理与物流跟踪

仓储管理无论在工业、商业，还是物流业都是重要的环节。现代仓储管理所要面对的产品数量、种类和进出仓频率都大为增加，继续原有的人工管理不仅成本昂贵，而且难以维持。尤其是对一些有保质期控制的产品的库存管理，库存期不能超过保质期，必须在保质期内予以销售或进行加工生产，否则就有可能因其变质而遭受损失。在这样大量物品流动的场合，用传统的手工记录方式记录物品的流动状况，不仅费时费力，而且准确度低，往往难以真正做到按进仓批次在保质期内先进先出。况且这些手工记录的数据在统计、查询过程中的应用效率也相当低。应用条码技术可以实现快速、准确地记录每一件物品，采集到的各种数据可实时地由计算机系统进行处理，使得各种统计数据能够准确、及时地反映物品的状态，并提供保质期预警查询，使管理者可以随时掌握各类产品进出仓和库存的情况，及时准确地为决策部门提供有力的参考。

(3) 质量跟踪管理

ISO 9000 质量保证体系强调质量管理的可追溯性，也就是说，对于出现质量问题的产品，应当可以追溯出它的生产时间、操作者等信息。在过去，这些信息很难记录下来，即使有一些工厂采用加工单的形式进行记录，但随着时间的推移，加工单也越来越多，有的工厂甚至要用几间房子来存放这些单据。从这么多的单据中查找一张单据的难度可想而知。但如果在生产过程的主要环节对生产者及产品的数据通过扫描条码进行记录，并利用计算机系统进行处理和存储，如产品质量出现问题，可利用电脑系统很快地查到该产品生产时的数据，为工厂查找事故原因、改进工作质量提供依据。

(4) 数据自动录入（以二维条码为例）

大量格式化单据的录入问题是一件很繁琐的事，不仅浪费大量的人力，而且正确率也难以保障。二维条码技术可以把上千个字母或几百个汉字放入名片大小的一个二维条码中，并可用专用的扫描器在几秒钟内正确地输入这些内容。目前，电脑和打印机作为一种必备的办公用品已相当普及，可以开发一些软件，将格式化报表的内容同时打印在一个二维条码中，在需要输入这些报表内容的地方扫描二维条码，报表的内容就自动录入完成了。同时还可对数据进行加密，确保报表数据的真实性。国外有的彩票上就用PDF417二维条码来鉴别彩票的真伪。设想一下，如果在证件上使用了二维条码，对其中放入证件上的全部信息进行加密处理，那么在需要记录您身份的地方，只要扫描一下您证件上的条码，您的信息就被正确录入了。同时，这也为证件伪造者出了难题，他们不再可能伪造一个证件，因为他们不知道您的证件上的加密算法，无法制作出正确的条码。

(5) 生产线自动控制系统

在现代工业生产中，只有对各种生产数据、人员信息、质量信息进行实时采集，管理体制信息系统才能根据采集的数据及时间向物料管理、生产调度、质量保证、计划财务等系统发出指令，从而对人员、设备、物料等资源进行有效的动态配置，同时生成各种统计、核算信息，为决策者提供有效的依据，因此，准确、快速、及时的数据采集已经成为提高企业信息管理系统水平的一个关键环节，也是全面实施ERP (enterprise resource planning) 技术的一个重要内容。

现代大生产日益计算机化和信息化，自动化水平不断提高，生产线自动控制系统要正常运转，条码技术的应用不可或缺。因为现代产品的性能日益先进，结构日益复杂，零部件数量和种类众多，传统的人工操作既不经济，也不可能。例如，一辆汽车要由成千上万个零部件装配而成，不同的型号、款式，其所需要的零部件的品种和数量也不同。而且不同型号、款式的汽车往往要在同一条生产线上装配，如果使用条码技术对每一个零部件进行在线控制，就能避免差错，提高效率，确保生产顺利进行。使用条码技术成本低廉，只需先对进入生产线的物品赋码，在生产过程中通过安装于生产线的条码识读设备获取物流信息，从而随时跟踪生产线上每一个物流的情况，形成自动化程度高的电子车间。

为此，在大型生产制造企业中实施ERP技术，并利用条码特别是二维条码技术,将进一步提高信息系统的管理水平,并达到以下目的:提高人工对象识别及数据输入的准确性和快速性,提高工作效率;通过对单一对象的惟一条码识别,能够真正实现成本核算;操作简便、快捷,可使征税管理流程规范化和标准化。

(6) 自动分拣系统

现代社会物品种类繁多,物流量庞大,分拣任务繁重,如邮电业、批发业和物流配送业,人工操作越来越不能适应分拣任务的增加。运用条码技术对邮件、包裹、批发和配送的物品等进行编码,通过条码自动识别技术建立自动分拣系统,就可大大提高工作效率,降低成本。如邮政运输局是我国最早配备自动分拣系统的单位之一,该系统的流程是:在投递窗口将各类包裹的信息输入计算机,条码打印机按照计算机的指令自动打印条码标签,贴在包裹上,然后通过输送线汇集到自动分拣机上,自动分拣机通过全方位的条码扫描器,识读、鉴别包裹,并将它们分拣到相应的出口,这样可以大大提高工作效率,降低成本,减少差错。在配送方式和仓库出货时,采用分货、拣选方式,需要快速处理大量的货物,利用条码技术便可自动进行分货拣选,并实现有关的管理。其过程如下:中心接到若干个配送订货要求,将若干订货汇总,每一品种汇总成批后,按批发出所在条码的拣货标签,拣货人员到库中将标签贴到每件商品上,自动分拣。分货机始端的扫描器对处于运动状态分货机上的货物进行扫描,一方面是确认所拣出的货物是否正确,另一方面是识读条码上的用户标记,使商品在确定的分支分流到达各用户的配送货位,完成分货拣选作业。

(7) 图书管理

条码可用于图书馆的图书流通环节中。图书和借书证上都贴上了条码,借书时,只要扫描一下借书证上的条码和借出的图书上的条码,相关的信息就被自动记录入数据库中。而还书时,只要扫描图书上的条码,系统就会根据原先记录的信息进行核对,正确地将该书还入库中。与传统的方式相比,大大地提高了工作效率。

(8) 其他应用

条码识别最常见的应用领域是在日常生活中,如条码用于医院系统内,可提高工作效率,最大限度地减少差错,增加效益。另外,还被广泛应用在护照、签证、身份证、驾驶证、暂住证、行车证、军人证、健康证、保险卡等各类证卡上,用于实现数据的自动采集,提高证件的防伪能力;用于执照的年检、报表、票据的管理、包裹、货物的运输等。

1.3.2 射频识别技术

射频识别技术 RFID 是 20 世纪 90 年代引起全球关注的一种非接触的自动识别技术。

1. 射频识别系统简介

与其他自动识别系统一样,射频识别系统也是由信息载体、信息获取装置组成的。典型的射频识别系统包括射频标签和读写器两部分。其中,射频标签是装载识别信息的载体,射频读写器是获取信息的装置。射频标签与射频读写器之间利用感应、无线电波或微波能量进行非接触双向通信,实现数据交换,从而达到识别的目的。射频标签是射频识别系统的核心,一般情况下,射频标签中均包含有专用的标签芯片,标签芯片本身即相当于一个片上的系统 SOC(system on chip)。读写器是针对特定的射频标签的读写而设计的。

最常见的射频识别系统的工作过程如下:标签进入磁场后,如果接收到读写器发出的特殊射频信号,就能凭借感应电流所获得的能量发送出存储在芯片中的产品信息(passive tag,即无源标签),或者主动发送某一频率的信号(active tag,即有源标签),读写器接收射频标签发送的信号,解码并校验数据的准确性后,送至中央信息系统进行有关的数据处理,见图 1-6。

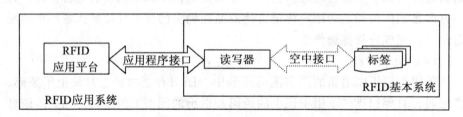

图 1-6 射频识别原理示意图

读写器的原理组成如图 1-7 所示,它主要包括基带模块和射频模块两大部分。其中,基带模块部分包括基带信号处理、应用程序接口、控制与协议处理、数据和命令收发接口及必要的缓冲存储区等。射频模块可以分为发射通道和接收通道两部分,主要包括射频信号的调制解调处理、数据和命令收发接口、发射通道和接收通道、收发分离(天线接口)等。

与其他自动识别技术相比,射频识别技术具有可非接触识别(识读距离可以从几厘米至几十米)、无需光学可视、无需人工干预即可完成信息的

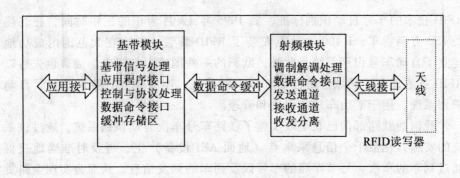

图 1-7 读写器的原理组成

输入和处理,可识别高速运动的物体,抗恶劣环境,具有防水、防磁、耐高温,使用寿命长,标签上数据的存储量大,可以加密和更改,保密性强,可同时识别多个识别对象等突出特点。

典型的工作频率为 135 kHz 以下、13.56 MHz、433 MHz、860～960 MHz、2.45 GHz 和 5.8 GHz 等。不同频率的 RFID 系统其工作距离不同,应用的领域也有差异。低频段的 RFID 技术主要应用于动物识别系统等领域;13.56 MHz 的 RFID 技术已相对成熟,并广泛应用于智能交通、门禁、防伪等多个领域,超高频段的 860～960 MHz 远距离电子标签适用于对物流、供应链、公路收费的环节进行管理;433 MHz、2.45 GHz 和 5.8 GHz RFID 技术以有源电子标签的形式应用在集装箱、高速公路管理等领域。

2. 射频识别技术的应用

射频识别技术是以无线通讯技术和存储器技术为核心,伴随着半导体、大规模集成电路技术的发展而逐步形成的,其过程涉及无线通讯协议、发射功率、占用频率等多方面的因素,目前尚未形成在开放系统中应用的统一标准,因此,射频识别应用还主要是一些闭环应用系统。例如,低频 RFID 系统主要应用在动物的跟踪和管理,高频 RFID 系统应用在门禁管理、生产线的自动化及过程控制等领域,超高频 RFID 系统主要应用在车辆的自动识别、高速公路收费、大宗货物跟踪和监控等领域。下一阶段,RFID 技术将在开放的物流领域得到越来越广泛的应用。

射频识别技术的典型应用包括如下几个方面。

1)车辆的自动识别

实现车号的自动识别是铁路人由来已久的梦想。RFID 技术的问世很快受到铁路部门的重视。从国外实践看,北美铁道协会 1992 年初批准了采用

RFID 技术的车号自动识别标准，到 1995 年 12 月为止的三年时间，在北美的 150 万辆货车、1 400 个地点安装了 RFID 装置，首次在大范围内成功地建立了自动车号识别系统。此外，欧洲的一些国家，如丹麦、瑞典也先后以 RFID 技术建立了局域性的自动车号识别系统；澳大利亚近年来开发了自动识别系统，用于矿山车辆的识别和管理。

我国的铁路部门已在全线实施了铁路车号车次自动识别系统，通过该系统的实施，在数千个信息采集点（地面 AEI 设备）上，可及时准确地获得通过列车的车次、每节车厢的车号以及列车的到发信息，从而为实现全路货车、机车、列车、集装箱的跟踪管理打下基础。

2）高速公路收费及智能交通系统（ITS）

高速公路自动收费系统是 RFID 技术最成功的应用之一，它充分体现了非接触识别的优势。在车辆高速通过收费站的同时自动完成缴费，解决交通瓶颈问题，避免拥堵，同时也防止了现金结算中贪污路费等问题。美国的 Amtch 公司、瑞典的 Tagmaster 公司都开发了用于高速公路收费的成套系统。我国部分省市的高速公路也已使用了 RFID 技术，以加强高速公路的管理。

3）非接触识别卡

国外的各种交易大多利用各种卡完成，即所谓非现金结算，如电话卡、会员收费卡、储蓄卡地铁及汽车月票等。以前，此类卡大多采用磁卡或 IC 卡，由于磁卡、IC 卡采用接触式识读，存在抗机械磨损及外界强电、磁场干扰能力差、磁卡易伪造等原因，目前大有被非接触识别卡所替代的势头。

4）生产线自动化及过程控制

RFID 技术用于生产线实现自动控制，监控质量，改进生产方式，提高生产效率，如用于汽车装配生产线。国外许多著名的轿车如奔驰、宝马都可以按用户的要求定制。也就是说，从流水线开下来的每辆汽车都是不一样的，从上万种内部及外部选项所决定的装配工艺是各式各样的，没有一个高度的组织、复杂的控制系统是很难胜任这样复杂的任务的。德国宝马公司在汽车装配线上配有 RFID 系统，以保证汽车在流水线的各处毫不出错地完成装配任务。

在工业过程控制中，很多恶劣的环境、特殊的环境都采用了 RFID 技术，MOTOROLA、SGSTHOMSON 等集成电路制造商采用加入了 RFID 技术的自动识别工序控制系统，满足了半导体生产对于超净环境的特殊要求。而像其他自动识别技术如条码，在如此苛刻的化学条件和超净环境下就无法工作了。

5) 动物的跟踪及管理

RFID 标签已经被用于识别全世界上千万的畜牧业动物。该系统可以跟踪肉类和奶牛、奶羊、贵重的饲料及用于特殊试验用的动物。标签的种类包括耳标或直接将标签植入到跟踪动物的皮下。农场管理者可以自动地操作包括喂食、称重、疾病管理和饲养试验等工作流程。RFID 技术还用于信鸽比赛、赛马识别等,以准确测定到达的时间。

6) 货物的跟踪及物品监视

很多货物运输需准确地知道其所处的位置,像运钞车、危险品等,沿线安装 RFID 设备可跟踪运输的全过程,有些还结合 GPS 系统实施对物品的有效跟踪。RFID 技术用于商店,可防止某些贵重物品被盗,如电子物品监视系统 EAS。

1.3.3 生物特征识别技术

生物特征识别技术(biometric identification technology)是利用人体生物特征进行身份认证的一种技术。随着这一应用的发展越来越深入,基于生物特征的身份鉴别技术的研究逐渐自成系统。

1. 生物特征识别技术简介

生物特征识别技术以生物技术为基础,以信息技术为手段,将生物和信息这两大热门技术融合于一体。生物特征识别技术主要是利用人的生物特征,因为人的生物特征是惟一的(与他人不同),因而能够用来鉴别身份。用于生物特征识别的生物特征应具有以下特点:

- 广泛性——每个人都应该具有这种特征;
- 惟一性——每个人拥有的特征应该各不相同;
- 稳定性——所选择的特征应该不随时间的变化而发生变化;
- 可采集性——所选择的特征应该便于测量。

研究和经验表明,人的指纹、掌纹、面孔、发音、虹膜、视网膜、骨架等都具有惟一性和稳定性等特征。目前,符合上述要求的生物特征可分为生理特征和行为特征。其中,生理特征包括手形、指纹、手指、手掌、虹膜、视网膜、面孔、耳廓、DNA、体味、脉搏、足迹等。行为特征有签字、声音、按键力度、步态、红外温谱图等。

一个优秀的生物特征识别系统要求能实时、迅速、有效地完成其识别过程。一般来说,生物特征识别系统包括以下几个处理过程。

1) 采集样本

很显然，在我们通过生物特征识别验证个人身份之前，首先要捕捉选择好的生物特征样本。这个样本就成为生物特征识别的模板，以后验证时，取得的新样本要以原始模板为参考进行比较，通常要取多份样品（典型的是3个），以得到有代表性的模板。取样的过程和结果对于生物特征、识别的成功与否至关重要。

对于不同的生物特征识别技术，取样的原理和方法是不同的。例如，面孔识别系统通过分析脸部特征的惟一形状、模式和位置来进行人的辨识。基本上有两种方法来采集数据：摄像机和热量绘图。标准摄像技术是建立在由摄像机捕捉到的脸部图像上的，热量绘图技术则是基于分析皮肤下的血管热量。签名识别是建立在签名时的力度上的，它分析的是笔的移动，如加速度、压力、方向以及笔画的长度，而非签名的图像本身。签名识别的关键在于区分出不同的签名部分，有些是习惯性的，而另一些在每次签名时都不同。

2）储存模板

取样之后，模板要经过加密储存起来。模板的储存可以有以下几种选择：

（1）存放在生物识别阅读设备里。

（2）存放在远程中央数据库里。这种方法适用于安全的网络环境，而且要有足够的运行速度。

（3）存放在便携物中，如智能卡。

这是一个很吸引人的想法，因为它不需要另行储存模板，用户可以携带自己的模板在任一设备上使用。但是，如果用户丢失或损坏了智能卡，他就必须重新输入数据。另一个要考虑的是成本和系统复杂性问题，因为要集成的东西很多。

3）身份验证

验证过程如下：用户通过某种设备输入其生物特征，提出身份鉴定请求，输入的特征与模板比较后得出匹配或不匹配的结果。除了告诉用户结果外，这一过程还被记录下来存储在本地或远程主机上。在有些系统中，参考用的模板是随每一次的有效交易过程而动态更新的。这样可以使系统适应由客观因素造成的微小变化，如用户年龄增长、机器磨损等。

目前最主要的问题是生物特征识别是怎样储存用户模板的。因为模板代表了用户的个人特征，它的储存带有隐私问题。而且，将模板储存在中央数据库会引起攻击和泄密。相反，将模板储存在智能卡中不仅保护了个人的隐私，而且也提高了安全性，因为用户可以自己控制自己的模板。有一些供应商已经将指纹传感器直接置入智能卡中，这就极大地提高了安全性，因为持卡人在使用前必须首先确认自己的身份。

生物识别最引人注意的应用之一就是与智能卡和公钥基础设施 PKI (pubic key infrastructure)的结合。PKI 使用公用密码和私人密码来对用户进行鉴定。它有一些生物特征识别所没有的优势：不但使用起来更加安全，而且可以在互联网上使用。PKI 的主要缺点在于对用户私人密码的管理。为保证安全，私人密码必须防止泄露；为使用方便，私人密码又要可以携带。解决的办法就是将私人密码储存在智能卡中，再用生物特征识别技术来保护智能卡。

另外，实际的应用还对基于生物特征的生物特征识别提出了更多的要求，如性能要求：所选择的生物统计特征能够达到多高的识别率；资源要求：识别的效率如何；可接受性要求：使用者在多大程度上愿意接受所选择的生物统计特征系统；安全性能要求：系统是否能够防止攻击；是否具有相关的、可信的研究背景作为技术支持；提取的特征容量、特征模板是否占用较小的存储空间；价格是否为用户所接受；是否具有较高的注册和识别速度；是否具有非侵犯性。

目前已经比较成熟并得到广泛应用的生物特征识别技术有指纹识别、人脸识别、虹膜识别、视网膜识别、掌形识别、签名识别、多模态识别、基因识别、步态识别等。基于各种不同生物特征的识别系统各有优缺点，分别适用于不同的范围。

2. 各种生物特征识别技术简介

1) 指纹识别技术

指纹是指手指末端正面皮肤上凸凹不平的纹路。这些纹路的存在增加了皮肤表面的摩擦力，使得我们能够用手抓起重物。尽管指纹只是人体皮肤的一小部分，却包含大量的信息。这些皮肤的纹路在图案、断点和交叉点上是各不相同的，在信息处理中将它们称作"特征"。这些特征在每个手指上的表现都是不同的。依靠特征惟一性，可以把一个人与其指纹对应起来，通过比较指纹特征和预先保存的指纹特征，就可以验证其身份的真实性。

指纹识别技术主要涉及指纹图像采集、指纹图像处理、特征提取、数据存储、特征值的比对与匹配等过程。首先，通过指纹读取设备读取到人体指纹的图像，并对原始指纹图像进行初步的处理，使之更清晰。然后，运用指纹识别算法建立指纹的数字表示——特征数据，这是一种单方向的转换，可以将指纹转换为特征数据，但不能将特征数据转换成为指纹，而且两个不同的指纹不会产生相同的特征数据。特征文件的存储是指从指纹图像上找到被称为"细节点"（minutiae）的数据点（指纹纹路的分叉点或末梢点）。有些算法把细节点和方向信息组合产生了更多的数据，这些方向信息表明了各个节点之间的关系，有些算法也处理整幅指纹图像。总之，这些数据通常被称为模板，保存为 1 kB 大小的记录。最后，通过计算机模糊比较的方法，把两个指纹的模板进行比较，计算出它们的相似程度，最终得到两个指纹的匹配结果。目前，国际上在数据存储上仍然没有一种模板的标准，也没有一种标准公布的抽象算法。见图 1-8。

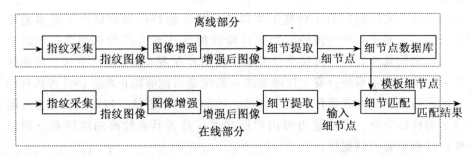

图 1-8　自动指纹识别系统示意图

相对于其他身份识别技术，指纹识别是一种更为理想的身份确认技术，它不仅具有许多独到的信息安全角度的优点，更重要的是还具有很高的实用性和可行性。因为每个人的指纹独一无二，两人之间不存在相同的指纹；每个人的指纹是相当固定的，很难发生变化，指纹不会随着人年龄的增长或身体健康状况的变化而变化；指纹样本便于获取，易于开发识别系统，实用性强。

目前已有标准的指纹样本库，方便了指纹识别系统的软件开发。指纹识别系统中完成指纹采样功能的硬件部分也较易实现；一个人的十指指纹皆不相同，因此可以方便地利用多个指纹构成多重口令，提高系统的安全性，并不增加系统设计的负担；指纹识别中使用的模板并非最初的指纹图像，而是由指纹图像中提取的关键特征，因此存储量较小。对输入的指纹图像提取关键特征后，可以大大减少网络传输的负担，便于实现异地确认。

指纹识别技术主要用于个人身份鉴定，可广泛用于考勤、门禁控制、PC 登录认证、私人数据安全、电子商务安全、网络数据安全、身份证件、信用卡、机场安全检查、刑事侦破与罪犯缉捕等。

2) 人脸识别技术

人脸识别可以说是人们日常生活中最常用的身份确认手段。人脸识别通过与计算机相连的摄像头动态捕捉人的面部，同时把捕捉到的人脸与预先录入的人脸特征进行比较、识别。人们对这种技术一般没有任何的排斥心理，从理论上讲，人脸识别可以成为一种最友好的生物特征识别技术。

人脸识别通过对面部特征和它们之间的关系来进行识别。用于捕捉面部图像的两项技术为标准视频技术和热成像技术。标准视频技术通过一个标准的摄像头摄取面部的图像或者一系列图像，捕捉后记录一些核心点（如眼睛、鼻子和嘴巴等）以及它们之间的相对位置，然后形成模板。热成像技术通过分析由面部毛细血管的血液产生的热线来产生面部图像。与标准视频技术不同，热成像技术并不需要在较好的光源条件下进行，即使在黑暗情况下也可以使用。

人脸识别的优点在于不需要被动配合，可以用在某些隐蔽的场合，而其他生物特征识别方法都需要个人的行为配合；可远距离采集人脸；利用已有的人脸数据库资源可更直观、更方便地核查个人的身份，因此可以降低成本。

但人脸识别的缺点也是显而易见的。人脸的差异性并不是很明显，误识率可能较高。对于双胞胎，人脸识别技术不能区分。人脸的持久性差，如长胖、变瘦、长出胡须等，都会影响人脸识别的正确性。人的表情也是丰富多彩的，这也增加了识别的难度。人脸识别受周围环境的影响较大。由于这些因素，人脸识别的准确率不如其他生物特征识别技术。

针对人脸识别的难点，许多学者始终致力于这方面的研究，一个较好的办法是利用三维信息进行人脸的识别。三维信息能够更精确地描述人的脸部特征，提取的某些特征具有刚体变换不变性，并且不易受化妆和光照的影响。但由于三维数据获取方面存在的困难，现在利用三维信息进行识别的报道并不多见，然而，三维信息加入到现有的人脸识别算法中，识别效果将会大大提高。

比利时学者 Beumier 等人利用结构光的方法获取三维数据，然后利用曲面匹配的方法进行人脸识别，收到了较好的效果。美国的 Gordon 等人利用激光扫描仪获取的距离数据建立面部曲面，通过计算表面曲率寻找凸点、凹点和脊点，然后定位面部的一些特征点，利用模板匹配的方法进行识别。德国的 Vetter 等人利用单幅图片构建三维模型，利用形状和纹理参数来表征个性特征。

3) 虹膜识别技术

虹膜是眼球血管膜的一部分，它是一个环状的薄膜，具有终生不变性和差异性，其在眼球中的位置如图1-9所示。人眼中的虹膜由随瞳孔直径变化而拉伸的复杂纤维状组织构成。人在出生前的生长过程造成了各自虹膜组织结构的差异。虹膜总体上呈现一种由里到外的放射状结构，它包含许多相互交错的类似斑点、细丝、冠状、条纹、隐窝等形状的细微特征。这些特征信息对每个人来说都是惟一的，其惟一性主要是由胚胎发育环境的差异所决定的。通常，人们将这些细微特征信息称为虹膜的纹理信息。

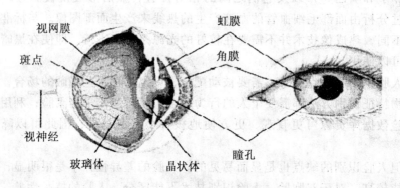

图1-9 虹膜在眼球中的位置

与其他生物特征相比，虹膜是一种更稳定、更可靠的生理特征。而且，由于虹膜是眼睛的外在组成部分，因此，基于虹膜的生物特征识别系统对使用者来说可以是非接触的。虹膜的惟一性、稳定性、可采集性、准确性和非侵犯性使得虹膜识别技术具有广泛的应用前景。

一般来说，虹膜识别技术的系统实现包含虹膜图像获取装置和虹膜识别算法两大模块，它们分别对应于虹膜图像的获取和虹膜的识别这两个问题。虹膜图像的获取取决于图像获取装置的合理设计，以方便地获得清晰的虹膜图像序列。而虹膜的识别的另一方面是虹膜的检测算法。见图1-10。

虹膜识别技术的优点是精确度高，建库和识别的速度快，无需人工干预，使用者无需与设备直接接触。缺点是：虹膜识别技术对于盲人和眼疾患者无能为力，而且系统成本过高，需要比较好的光源，对黑眼睛的识别比较困难。

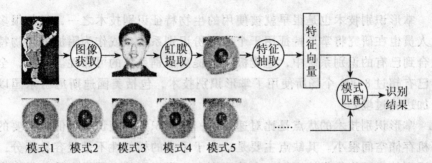

图 1-10 虹膜识别系统示意图

4) 视网膜识别技术

虽然视网膜识别的技术含量较高,但视网膜识别技术可能是最古老的生物特征识别技术。在 20 世纪 30 年代,通过研究就得出了人类眼球后部血管分布惟一性的理论。目前,在很多需要极其严格安全保障的场合都安装了视网膜识别系统。

视网膜是一些位于眼球后部十分细小的神经(1/50 英寸),它是人眼感受光线并将信息通过视神经传给大脑的重要器官。它同胶片的功能有些类似,用于生物特征识别的血管分布在神经视网膜周围,即视网膜四层细胞的最远处。在采集视网膜的数据时,扫描器发出一束光射入使用者的眼睛,并反射回扫描器,系统会迅速描绘出眼睛的血管图案,并录入到数据库中。

视网膜识别技术的优点是具有相当高的可靠性。视网膜的血管分布具有惟一性,即使是双胞胎,这种血管分布也是有区别的。除了患有眼疾或者严重的脑外伤外,视网膜的结构形式在人的一生中都相当稳定。视网膜识别系统的误识率低。录入设备从视网膜上可以获得 700 个特征点,这使得视网膜扫描技术录入设备的误识率低于一百万分之一。视网膜是不可见的,因此也不可能被伪造。

视网膜识别技术的缺点是:首先采集设备成本较高,采集过程较为繁琐。视网膜扫描设备要获得视网膜图像,使用者的眼睛与录入设备的距离应在半英寸之内,并且在录入设备读取图像时,眼睛必须处于静止状态,因此导致使用不方便,使用者的接受程度较低。其次,视网膜静脉图像的不变性不够好,使得视网膜识别系统的拒识率相对较高。最后,视网膜识别技术可能会对使用者的健康造成损害。

5) 掌形识别技术

掌形识别技术也是很早就被使用的生物特征识别技术之一，目前很多研究人员也在研究将掌形特征用于个人身份识别系统，或作为附加的生物特征融合到已有的识别系统中，这能极大地提高识别系统的可靠性。目前，全世界已有超过 8 000 个场所使用了掌形识别技术，包括美国迪斯尼游乐园以及美加边境过境处。

掌形识别技术的优点是比对速度快；掌形识别的拒识率很低；需要的计算机存储空间很小。其缺点主要是：由于手掌的相似性不是很容易区分，掌形识别技术不能像指纹识别、人脸识别和虹膜识别技术那样容易获得内容丰富的数据，不能完成一对多的识别；掌形识别技术的易用性不如其他生物特征识别技术，因为使用者需要知道自己的手掌怎样摆放，要花一定的时间来学习。由于使用者必须与识别设备直接接触，可能会带来卫生方面的问题。

6）签名识别技术

签名识别技术已经有很长的历史，在文档证明和交易授权时有广泛的应用。签名识别和语音识别一样，是一种行为测定学。

签名识别也被称为签名力学辨识（dynamic signature verification，DSV），每个人都有自己独特的书写风格。签名识别有静态签名和动态签名两种形式。静态签名只使用签名的几何特征；动态签名除了使用签名的几何特征外，还使用书写时的笔顺、速度、力度等特征。

由于人类在很久以前就开始使用签名来鉴别身份，因此，签名识别对于使用者来说有着良好的心理基础，容易被使用者接受。其缺点是签名识别的速度比较慢，所用的硬件设备价格昂贵，并且签名很容易被伪造。

7）多模态识别技术

随着对社会安全和身份鉴别的准确性和可靠性要求的日益提高，单一的生物特征识别已远远不能满足社会的需要，进而阻碍了该领域更广泛的应用。由于没有任何一个单一的生物特征识别系统能提供足够的精确度和可靠性，因此，多模态识别系统的出现是一个可选的策略。如声音和人脸可以结合在一起组成一个多模态识别系统。随着需求的增加，多模态生物特征识别（multi-modal biometrics）的研究和应用逐渐兴起和深入。

基于多生物特征融合来进行身份鉴别的优点主要有三个方面：

（1）准确性。多个生物特征的运用可以提高整个身份鉴别的准确性；

（2）可靠性。伪造多个生物特征显然比伪造单个生物特征更困难；

（3）适用性。每种生物特征都存在应用的局限性。

多生物特征与信息的融合密切相关。将信息融入多生物特征之中有许多方法，下面介绍几种融合信息的方法。

（1）传感器数据级的融合：把从传感器中输出的未经加工的信息直接融合在一起。有两种主要的融合方法：加权求和（综合各种数据消除噪声）和拼凑结构（用几个相机对不同部分拍照，然后拼接）。

（2）特征级的融合：将从不同传感器中传来的数据描述融合在一起（或者从相同传感器传输数据，用不同特征提取技术）。融合时，也是采用加权求和（如果特征是对称的）或者简单向量的串连（如果特征是不对称的）。

（3）决策级的融合。在这种方式中，可以将不同的识别系统看成相互独立的单元，每一单元都作出一个鉴定结果，然后用一个汇总程序综合各个结果，得出最终的结论。

（4）意见融合。如果信息交换不是问题，各个系统可能不会提供一个确定的结论，但是可以给出一个意见，无论是以数字形式还是以语言的形式，然后控制器将各个意见融合。

8）基因识别技术

随着人类基因组计划的开展，人们对基因的结构和功能的认识不断深化，并将其应用到个人身份识别中。因为在全世界 60 亿人中，与你同时出生或姓名一致、长相酷似、声音相同的人都可能存在，指纹也有可能消失，但只有基因才是代表你本人遗传特性的、独一无二的、永不改变的特征。据报道，采用智能卡的形式，储存着个人基因信息的基因身份证已经在我国四川、湖北和香港出现。

制作这种基因身份证，首先是取得有关的基因，并进行化验，选取特征点位（DNA 指纹），然后存入中心的电脑数据库内，这样，基因身份证就制作出来了。基因识别是一种高级的生物识别技术，但由于技术上的原因，还不能做到实时取样和迅速鉴定，这在某种程度上限制了它的广泛应用。

9）步态识别技术

步态识别技术是生物特征识别技术的一个新兴领域，它是利用计算机视觉、模式识别与视频/图像序列处理的一门技术。人的步态的可感知性、非侵犯性、非接触性的优点已经使其成为一个独具特色的生物特征和远距离的身份识别技术。作为一种新的行为特征，步态还具有难以隐藏、伪装和易于捕捉等优点。

步态是一种时空变化的运动模式，故而步态识别的输入是一段行走的视频图像序列，因此，其数据采集与人脸识别类似，具有非侵犯性和可接受性。同时,由于序列图像的数据量较大,因此步态识别的计算复杂性比较高,处理起来也比较困难。

步态识别的总体目标是以视觉控制为背景,以人为监控对象,进行基于运动分析的步态识别研究。步态识别从相同的行走行为中寻找和提取个体之间的变化特征,主要提取的特征是人体每个关节的运动。步态识别主要的研究内容包括复杂场景中的步态运动分割、基于模型的人的步态运动跟踪、基于步态行为分析的身份识别和步态数据库的建立。

3. 生物特征识别技术的应用领域

比尔·盖茨曾做过这样的断言,利用人的生理特征,例如像指纹等来识别个人身份的生物特征识别技术,将成为今后几年IT产业的重要革新。比尔·盖茨的这段言论是因为有越来越多的个人、消费者、公司和政府机关都承认现有的基于智能卡、身份证和密码的身份识别系统是远远不够的,而生物特征识别技术为此提供了一个解决方案。

生物特征识别技术是目前最为方便与安全的识别技术。生物特征识别技术认定的是人本身,没有什么能比这种认证方式更安全、更方便。由于每个人的生物特征的惟一性和在一定时期内不变的稳定性,不易伪造和假冒,所以利用生物识别技术进行身份识别安全、可靠、准确,较之传统的钥匙、磁卡、门卫等安全验证模式,具有不可比拟的优势。此外,生物特征识别技术产品均借助于现代计算机技术实现,很容易和安全、监控、管理系统整合,实现自动化管理。

由于生物特征识别技术软件、硬件设施的普及率上升、价格下降等因素,因此,其在金融、司法、海关、军事以及人们日常生活的各个领域中正扮演着越来越重要的角色。人们能够接触到或听到的有以下一些应用。

(1) 监狱探访系统。探访者要进行身份确认,以防发生替换犯人的事件。

(2) 驾驶执照。有些执法部门发现,当驾驶员(特别是卡车司机)跨地区行驶时,经常备有多个驾驶执照,或者互相交换执照使用。

(3) 小卖部经营管理。这在校园里特别适用。

(4) 福利支付系统。在美国,许多州的福利机构都花巨资安装了生物特征识别系统。在使用过程中,要求领取福利的人数急剧下降,这说明该系统有效地制止了重复申请现象的发生。

(5) 边境控制。这方面的例子是美国试验的一个称为INSPASS的系统,它是发给旅游者一张卡,可以用来使用生物特征识别装置,这样就可以绕开入境签证时排队了。在东南亚和其他地方也运行着这样的系统。

（6）投票系统。符合条件的选举人要进行身份确认，以此来防范代理投票的发生。

（7）学校。防止在小学发生的儿童被骚扰或被绑架的问题。

（8）其他。在金矿和钻石矿、银行金库和工业中，对出入区的控制。

尽管生物特征识别已经用在许多领域，但它还处于不断的发展中，具有很大的潜力。它可以应用到如自动取款机、工作站和网络访问、旅行、互联网交易、电话交易等日常生活的方方面面。

目前，国外许多高新技术公司正在试图用虹膜、指纹、人脸等生物特征取代人们手中的信用卡或密码，并且已经在机场、银行和各种电子器具上进行了实际应用。美国一家高技术公司研制出的虹膜识别系统已经应用在美国得克萨斯州联合银行的三个营业部内。储户办理银行业务，无需银行卡，更没有回忆密码的烦恼。他们在取款机上取钱时，一台摄像机首先对用户的眼睛进行扫描，然后将扫描的图像转化成数字信息与数据库中的资料核对，以检验用户的身份。

日本三菱电机公司不久前将指纹认证装置微型化，并内置于公司将要推出的手机中。在使用者打电话时，只要用手指触摸手机的传感器部位，手机就能马上识别出指纹是否与使用者事先登记的指纹一致。如果与事先登记的指纹不相符，电话就不能接通。这使手机用户再也不必担心手机被人盗用了。越来越多的电子设备，如桌面电脑、笔记本电脑、ATM 提款机、蜂窝电话、门禁控制系统等，也已经开始运用生物特征识别技术。

生物特征识别技术最有前途的应用领域是在电子商务领域。鉴于生物识别的可靠性，人们在网上购物或交易时，需首先在生物特征识别设备上进行身份认证，这样可以保证网络管理机构有效地监督网络交易的参与者，并大大减少不法分子对网络交易的破坏活动。

美国前总统克林顿曾签署了电子签名法案，使电子签名在美国获得与普通书面签名一样的法律地位，从而进一步方便了企业和消费者在网上做生意。这项法案的签署同时也促使美国各大生物技术公司加紧开发保证电子签名安全的技术，其中主要包括验证个人身份的加密数字代码装置和附加在计算机上的指纹或虹膜检查设施等。

在对安全有严格要求的应用领域中，人们往往需要融合多种生物特征来实现高精度的识别系统。数据融合是一种通过集成多知识源的信息和不同专家的意见以产生一个决策的方法。将数据融合方法用于身份识别，结合多种生物特征进行身份鉴别，以提高识别系统的精度和可靠性，这无疑是生物特征识别技术发展的必然趋势之一。

1.3.4 语音识别技术

1. 语音识别技术原理

现有的自动语音识别技术是建立在对人的语音交互过程的坚实但又不完全的理解基础之上的。语音交互技术的研究具有高度的学科交叉性，广泛涉及信号处理、语音声学、模式识别、通信和信息理论、语言学、生理学、计算机科学、心理学等学科的原理和方法。

这些学科知识的综合可概括出构成自动语音识别技术基础的三个原理：

（1）语音信号中的语言信息是按照短时幅度谱的时间变化模式来编码的。

（2）语音是可以阅读的，即它的声学信号可以在不考虑说话人试图传达的信息内容的情况下用数十个具有区别性的、离散的符号来表示。

（3）语音交互是一个认知过程，因而不能与语言的语法、语义和语用结构割裂开来。

这三个原理是对这一领域广而又详实的知识的高度概括。例如，幅度谱的重要性被听觉的生理机能及其模仿、语音产生的声道解剖及其模仿、语音信号的谱图这三项相互独立的研究所证实，这些研究导致了声码器的诞生；语音的可阅读性是语音声学的核心内容，主要研究对言语的声学表征、语音、音位以及音位配列的结构的数学形式化，乔姆斯基和哈勒的研究构成了这方面理论的一个完备体系；言语的认知研究主要是心理学研究的范畴，其中心理物理学为语音编码，尤其是在语音、语词的句法等方面进行某些重要的表示和操作提供了大量的依据。

语音识别技术又称声纹识别技术，将人讲话发出的语音通信声波转换为一种能够表达通信消息的符号序列。这些符号可以是识别系统的词汇本身，也可以是识别系统词汇的组成单元，常称其为语音识别系统的基元或子词基元。语音识别基元的主要任务是在不考虑说话人试图传达的信息内容的情况下，将声学信号表示为若干个具有区别性的离散符号。可以充当语音识别基元的单位可以是词句、音节、音素或更小的单位，具体选择什么样的基元，经常受识别任务的具体要求和设计者的知识背景的影响。

语音识别技术可以采用两种方式。第一种是依赖原文。系统将一句话与访问者相联系，对每个访问的人，系统会给出不同的句子提示。应对说话者不断变化的主要方法是动态的变化，这包括用一系列的声音向量来描述说话方式，然后计算访问者和允许进入者说话方式的差距。另一种是不依赖原文。访问者不必说同样的句子，因此，系统应用的惟一信息就是访问者的语音特征。

语音识别技术的优点是：系统的成本非常低廉；对使用者来说，不需要与硬件直接接触，而且说话是一件很自然的事情，所以语音识别可能是最自然的手段，使用者很容易接受；最适于通过电话来进行身份识别。

语音识别技术的缺点是：准确性较差，同一个人由于音量、语速、语气、音质的变化等原因容易造成系统的误识；语音可能被伪造，至少现在可以用录在磁带上的语音来进行欺骗；高保真的录音设备是非常昂贵的。另外，虽然每个人的语音特征均不相同，但当语音模板达到一定数量时，语音特征就不足以区分每个人，而且语音特征容易受背景噪音、被检查者身体状况的影响。

语音识别系统原理如图 1-11 所示。

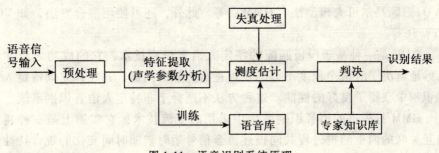

图 1-11 语音识别系统原理

1）预处理

待识别的语音经过话筒变换成电信号即语音信号后，加在识别系统的输入端，首先要经过预处理，预处理包括反混叠滤波（滤除其中不重要的信息及背景噪声）、模/数转换、自动增益控制及端点检测（判定语音有效范围的开始和结束位置）等处理工作。

2）特征参数提取及分析

经过预处理后的语音信号，就要对其进行特征参数分析。语音识别系统常用的特征参数有幅度、能量、过零率、线性预测系数（LPC）、LPC 倒谱系数（LPCC）、线谱对参数（LSP）、短时频谱、共振峰频率、反映人耳听觉特征的 Mel 频率倒谱系数（MFCC）、PARCOR 系数（偏自相关系数）、随机模型（即隐马尔可夫模型）、声道形状的尺寸函数（用于求取讲话者的个性特征），以及音长、音调、声调等超音段信息函数等。特征的选择和提取是系统构建的关键，识别参数的选择也与识别率及复杂度的矛盾有关。因为在通常情况下，如果参数中包含的信息越多，则分析和提取的复杂度越大。

3) 距离测度

用于语音识别的距离测度有多种，如欧氏距离及其变形的距离、似然比测度、加权了超音段信息的识别测度、隐马尔可夫模型之间的距离测度、主观感知的距离测度等，都是人们感兴趣的测度。

4) 语音库

语音库即声学参数模板。它是训练与聚类的方法，从单个讲话者或多个讲话者的多次重复的语音参数经过长时间的训练而聚类得到。

5) 测度估计

测度估计是语音识别的核心。目前已经研究过多种求取测试语音参数与模板之间的测度的方法，如动态时间规整法（DTW）、有限状态矢量化法（VQ）、隐马尔可夫模型法（HMM）等。此外，还可使用混合方法，如 VQ/DTW 法等。

DTW 是一种基于模板匹配的特定人语音识别技术，它的成功之处在于巧妙地解决了对两个程度不等的模板进行比较的问题，并在孤立词特定人语音识别中获得了良好的性能。这种方法不适合于非特定人语音识别系统。

HMM 是先进的语音识别系统中采用的主流技术，它实质上是一种通过相互关联的两重随机过程共同描述语音信号短时谱随时间变化的统计特性的模型参数表示技术。其中一重随机过程是隐蔽不可观测的有限状态马尔可夫链，另一重随机过程是与马尔可夫链的每一状态相关联的可观测特征的随机输出。HMM 基元模型匹配的主要原理是贝叶斯估计，对要识别的语音的观察特征序列，在系统可知的范围中，找出最有可能产生该观察序列的基元模型序列作为识别结果的假设，这个过程也叫搜索。在搜索最佳结果的过程中，语言认知的知识可以提供极大的帮助。

6) 专家知识库

专家知识库用来存储各种语言学知识，如汉语变调规则、音长分布规则、同音字判别规则、构词规则、语法规则、语义规则等。对于不同的语言，有不同的语言学专家知识库，对于汉语，也有其特有的专家知识库。

7) 判决

对于输入信号计算而得到的测度,根据若干准则及专家知识,判决选择可能的结果中最好的结果,由识别系统输出,这一过程就是判决。

2. 语音识别技术的分类

从技术方面,语音识别技术按照不同的角度有不同的分类方法。

1) 从所要识别的单位来分

从这个角度对语音识别系统进行分类,可以分为孤立单词识别(isolated word recognition)、连续单词识别(connected word recognition)、连续语音识别(continuous speech recognition)和连续言语识别与理解(conversational speech recognation)。

孤立单词识别:识别的单元为字、词或短语,它们组成识别的词汇表,对它们中的每一个通过训练建立标准模板或模型。

连续单词识别:以比较少的词汇为对象,能够完全识别每个词。识别的词汇表和标准、样板或模型也是字、词或短语,但识别可以是它们中间几个的连续。

连续语音识别:是指中大规模词汇但用子词作为识别基本单元的连续语音识别系统。

连续言语识别与理解识别:系统识别的内容是说话人以自然方式说出的语音。即以多数词汇为对象,待识别语音是一些完整的句子。虽不能完全准确地识别每个单词,但能够理解其意义。

2) 按语音词汇表的大小分

每个语音系统必须有一个词汇表,规定识别系统所要识别的词条。词条越多,发音相同或相似的词也越多。这些词听起来容易混淆,因此误识率也随之增加。

根据系统所拥有的词汇量的大小,可分为有限词汇语音识别系统和无限词汇语音识别系统。有限词汇识别按词汇表中字、词或短句的个数的多少大致分为:100以下为小词汇,100~1 000为中词汇,1 000以上为大词汇。一般地,语音识别的识别率都随单词量的增加而下降。无限词汇识别又称为全音节识别,即识别基元为汉语普通话中对应的所有汉字的可读音节。全语音识别是实现无限词汇或中文文本输入的基础。

3) 按说话人的限定范围分

根据系统对用户的依赖程度可以分为特定人语音识别(speaker-dependent)和非特定人语音识别(speaker-independent)。

特定人系统可以是个人专用系统或特定群体系统,如特定性别、特定年龄、特定口音等。非特定人语音识别适应于指定的某一范畴的说话人。

4）按识别方法分

按识别方法可分为模板匹配法、概率模型法和基于神经网络的识别方法。

（1）模板匹配法

基于模板的识别方法，事先通过学习获得语音的模式，将它们做成一系列语音特征模板存储起来。在识别时，首先确定适当的距离函数，再通过诸如时间规整（DTW）等方法将测试语音与模板的参数一一进行比较与匹配，最后根据计算出的距离，选择在一定准则下的最优匹配模板。

（2）概率模型法

概率模型法是基于统计学的识别方法，在这一框架下，语音本身的变化和特征被表述成各种统计值。人们不再刻意追求细化的语音特征，而是更多地从整体平均的角度来建立最佳的语音识别系统。

（3）基于神经网络的识别方法

基于神经网络的识别方法与生物神经系统处理信息的方式相似，通过用大量处理单元连接成的网络来表达语音基本单元的特性，利用大量不同的拓扑结构来实现识别系统和表述相应的语音或语义信息。这种系统可以通过训练积累经验，从而不断改善自身的性能。

目前，关于语音识别研究的重点在大词汇量、非特定人的连续语音识别，并以隐马尔可夫模型为统一框架。

3. 语音识别技术的应用领域

语音识别技术的准确性和鲁棒性是对话系统获得实际应用的主要门槛。由于语音识别是人最基本最擅长的一种功能，人对自动语音识别技术的性能评判和接受程度可能比其他任何一种技术都更加苛刻和更加挑剔。人们往往用自己的语音识别智慧来挑战机器语音识别的性能，从这个角度出发，语音识别的性能与人的语音识别性能确实存在着较大的差距。但是，如果把语音识别当作减轻人的负担的工具来对待，目前先进的对话系统已经可以进入人的现实生活中了。

可以预期，随着社会信息化的普及，语音识别技术作为人机交互最自然的界面，很快会在实际生活中的信息查询和命令控制等方面成为人的得力助手，帮助人们摆脱鼠标、键盘、屏幕等信息终端的物理约束，减轻生理心理负担，提高社会生产力。

目前，语音识别技术主要使用在如下几个领域。

1) 在信息查询领域的应用

基于每个人的声音特征都是惟一而且几乎不会发生变化的特性,可以很好地通过语音识别技术进行用户身份识别,从而提高呼叫中心工作的有效性,尤其在更加需要人性化服务的医疗、教育、投资、票务、旅游等应用方面,语音识别显得尤其重要。

2) 在电话交易方面的应用

在通过电话进行交易的系统中,如电话银行系统、商品电话交易系统、证券交易电话委托系统,交易系统的安全性是最重要的,也是系统设计者所要重点考虑的内容。传统的电话交易系统采用"用户名+密码"的控制机制,以确认用户的身份,并确保交易的安全性。然而这种控制机制有以下几个明显的缺点:

(1) 为了降低用户名以及密码被猜中的可能性,用户名和密码往往很长而难以记忆或者容易遗忘;

(2) 密码有可能被猜到,而且在现有的电话系统中,如果没有专用的端加密设备,身份密码很容易被别人窃取;

(3) 拨打者往往需要拨打很多数字才能完成身份验证,并最终进入系统,给用户带来很大的麻烦。

若在电话交易系统内采用语音识别技术来进行交易者的身份识别与确认,上面的问题就可以迎刃而解。

3) 在 PC 机以及手持式设备上的应用

在 PC 机及手持式设备上,也需要进行用户身份的识别,从而允许或拒绝用户登录电脑或者使用某些资源,或者进入特定用户的使用界面。同样,采用传统的用户名加密码的保护机制,存在着用户名和密码泄密、被窃取、容易遗忘等问题。

语音识别技术应用到 PC 机以及手持式设备上,可以无需记忆密码,起到保护个人信息安全、大大提高系统的安全性、方便用户使用的作用。如在 Mac OS 9 操作系统中就增加了 Voiceprint password 的功能,用户不需要通过键盘输入用户名和密码,只需要对着电脑说一句话就可以进行登录。

4) 在保安系统以及证件防伪中的应用

语音识别系统可用于信用卡、银行自动取款机、门、车的钥匙卡、授权使用的电脑、声纹锁以及特殊通道口的身份卡,如在卡上事先存储了持卡者的声音特征码,在需要时,持卡者只要将卡插入专用机的插口上,通过一个传声器读出事先已储存的暗码,同时仪器接收持卡者发出的声音,然后进行分析比较，从而完成身份确认。

同样，可以把含有某人语音特征的芯片嵌入到证件之中，通过上述过程完成证件防伪。

5) 与二维条码技术相结合的防伪应用

采用语音识别的方法对重要的证件、文件、单据进行防伪，应用时，需要在一载体上记载语音信息。若采用芯片的方式，则芯片和证件文件的紧密结合不易实现，并且芯片造价过高。从可行性上考虑，证件文件的声纹防伪需要选择一种可以和证件、文件紧密结合的声纹记载方法。综合考虑，二维条码不失为一种理想的办法。

由于二维条码的高信息容量可以容纳特定人的语音信息，而且可以很好地与证件文件等纸质结合。在需要进行证件确认时，通过语音二维条码识别出用户的声纹特征并输入到语音确认仪器中，同时与持证人的声音进行对比，从而完成证件和身份确认。语音二维条码技术也可以应用到人类生活的很多领域，如物流配送方面：在提取货物时及订货到达时，可以通过承载语音的二维条码来确认提货人或者购物者的身份，从而大大降低冒领、拒领等现象的发生，提高物流运行效率，促进电子商务和电话商务的发展。

在未来几十年中，语音技术还将存在于所有涉及人机界面的地方。特别是在电信服务、信息服务和家用电器中，以"自动呼叫中心"、"电话目录查询"、股票、气象查询和家电语音控制等为代表的语音应用将方兴未艾。而结合语音识别、机器翻译和语音合成技术的直接语音翻译技术，将通过计算机克服不同母语人种之间交流的语言障碍。语音也将成为下一代操作系统和应用程序的用户界面之一。在社会潜在的应用驱动下，语音识别理论和技术将得到飞速发展。

但是语音识别技术的发展也存在一定的挑战。在语音识别中，口语识别最具技术性挑战，也最具实用价值，是语音识别未来发展的重要趋势之一。当前，世界上有许多大学和研究所已开发和正在开发口语对话系统，如 Carnegie Mellon 的 Communicator、MIT 的 Jupiter 和 Mercury、AT&T 的 How May I Help You、Achen 的 Philips，国内的中国科学院、清华大学、北京交通大学、沃克斯技术院等单位也开展了对话系统的研究。同时，一些公司如 Nuance、TellMe、BeVocal、HeyAnita、Voxeasy，已经成功地在一系列的领域开发了以口语为界面的应用。但就整个来说，这些系统的任务相对比较简单，大体局限在信息查询方面和命令与控制方面，并且以系统主导为主，较复杂的交互目前还处于开发之中。

虽然在这方面已经取得了一定的进展，但是还未达到人类的要求，主要原因在于语音识别技术所涉及的以下几方面还没有找到完满的解决方案。

环境及噪声：对话系统所处的声学环境、噪声强度、说话人离话筒的距离和位置变化等都会对语音识别产生重大的影响，这是各种语音识别系统普遍存在的问题。

特征提取：输入的语音信号经过一定的预处理，主要过程为采样、反混叠滤波、自动增益控制、去除声门激励和口唇辐射的影响以及去除噪声影响、端点检测等，进入特征提取阶段。现在主要的特征提取方法是基于 Mel 系数的 Mel 频率倒谱系数（MFCC）分析法，但仍然存在优化的强烈动因和改进的可能。

声学模型：声学模型的基本问题是以识别基元的粒度优化，各种语言的最佳分辨粒度存在较大的差异，同时，语言的最佳分辨粒度还与辨识任务的结构有关。

实时解码：对话系统的口语识别要求解码速度至少要达到心理准实时的水平。由于实时性和准确性、内存空间占用等矛盾的存在，在兼顾准确性和内存消耗的情况下做到实时解码，是面向实际应用系统必须考虑的问题。

语言模型：语言模型是对话系统重要的知识来源，由于自然口语的语料一般不易搜集，而且自然口语的语法存在语法约束较弱、停顿及插入较多等问题，语言建模在很大程度上直接影响到对话系统性能的提高。

置信度：置信度是对话系统自知之明的一种度量，在人机对话过程中有重要作用。虽然十多年来，人们已经提出了不少识别结果的置信度预测方法，但迄今为止，尚没有找到满意的通用的置信度预测方法。

1.3.5 图像识别技术

随着微电子技术及计算机技术的蓬勃发展，图像识别技术得到了广泛的应用和普遍的重视，现已广泛应用于遥感、文件处理、工业检测、机器人视觉、军事、生物医学、地质、海洋、气象、农业、灾害治理、货物检测、邮政编码、金融、公安、银行、工矿企业、冶金、渔业、机械、交通、电子商务、多媒体网络通信等领域。

1. 图像识别技术原理

图像是用各种观测系统以不同形式和手段观测客观世界而获得的，可以直接或间接作用于人眼并进而产生视知觉的实体。人的视觉系统就是一个观测系统，通过它得到的图像就是客观景物在人心目中形成的影像。我们生活在一个信息时代,科学研究和统计表明,人类从外界获得的信息约有75%来自视觉系统,也就是从图像中获得的。这里的图像是比较广义的范畴,如照片、绘图等都属于图像的范畴。

在获得图像后,可以对其进行如图1-12所示的三方面的操作,即图像处理、图像识别和图像理解。

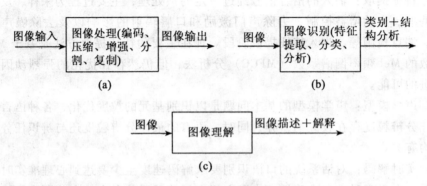

图1-12 图像处理、识别和理解

1) 图像处理

在研究图像时,首先要对获得的图像信息进行预处理(前处理),以滤去干扰、噪声,作几何、彩色校正等,这样可提高信噪比。有时由于信息微弱,无法辨识,还得对图像进行增强。增强的作用在于提供一个满足一定要求的图像,或对图像进行变换,以便人、机分析。为了从图像中找到需要识别的东西,还得对图像进行分割,也就是进行定位和分离,以分出不同的东西。为了给观察者以清晰的图像,还要对图像进行改善,即进行复原处理,把已经退化了的图像加以重建或恢复,以便改进图像的保真度。在实际处理中,由于图像的信息量非常大,在存储及传送时,还要对图像信息进行压缩。

上述工作必须用计算机进行,因而要进行编码等工作。编码的作用是用最少数量的编码位(亦称比特)表示单色和彩色图像,以便更有效地传输和存储。

以上所述都属于图像处理的范畴。因此,图像处理包括图像编码、图像增强、图像压缩、图像复原、图像分割等。对图像处理环节来说,输入的是图像,输出的也是图像,也就是处理后的图像,如图1-12(a)所示。

2) 图像识别

图像识别是对上述处理后的图像进行分类,确定类别名称,在分割的基础上选择需要提取的特征,并对某些参数进行测量,然后再提取这些特征;最后根据提取的特征进行分类。为了更好地识别图像,还要对整个图像作结构上的分析,对图像进行描述,以便对图像的主要信息得到一个解释和理解,并通过许多对象相互间的结构关系对图像加深理解,以便更好地帮助识别。

因而对图像识别环节来说,输入的是图像(一般是经过上述处理过的图像),输出的是类别和图像的结构分析,见图1-12(b)。而结构分析的结果则是对图像作描述,以便得到对图像的重要信息的一种理解和解释。

3) 图像理解

所谓图像理解是一个总称。上述图像处理及图像识别的最终目的就在于对图像作描述和解释,以便最终理解它是什么图像。所以它是在图像处理及图像识别的基础上,再根据分类作结构句法分析,去描述图像和解释图像。因而图像理解包括图像处理、图像识别和结构分析。对理解部分来说,输入的是图像,输出的则是图像的描述与解释,如图1-12(c)所示。

实质上,图像理解属于人工智能的范畴。图像理解也要作图像处理、识别及结构分析。如与计算机下棋,就需要做这些工作。首先要把人的智慧存储在计算机中,教给它多少智慧,它就存有多少智慧。这是机器固有的,但是计算机在接受了一部分"智慧"后,便能根据逻辑推理进行分析、推断等工作。

图像识别、图像处理与图像理解有着紧密的关系。图像理解是一个总称,它是一个系统。其中每一部分和其前面的一部分都有一定的关系,也可以说有一种反馈作用,如分割可以在预处理中进行,而且系统不是孤立的,为了发挥其功能,它时时刻刻需要来自外界的必要信息,以便使每个部分能有效地工作。这些外界信息是指处理问题及解决问题的看法、设想、方法等。例如,根据实际图像,在处理部分需要采用什么样的预处理,在识别部分需要怎样分割,抽取什么样的特征及怎样抽取特征,怎样进行分类,要分多少类,以及最后提供结构分析所需的结构信息等。

在该系统中,预处理、分割一般可以算作图像处理;特征抽取、分类属于图像识别;而图像识别所涉及的内容则是从识别到结构分析,整个系统所得到的结果是图像的描述及解释。当某个新的对象(图像)被送进系统时,就可以进行解释,说明它是什么。

2. 图像技术的应用领域

目前的图像识别技术主要应用在以下几个方面。

1) 遥感技术

图像识别现阶段的典型应用主要是图像遥感技术。多光谱图像的综合处理和像素区的模式分类为基础的遥感图像处理，是对地球的全体环境进行监控的有力手段。它同时可为国家计划部门提供精确、客观的各种农作物的生长情况、收获估计、林业资源、地质、水文、海洋等各种宏观的调查、监测资料。

例如，在气象卫星云图的处理与应用遥感技术中，以前许多国家每天派出很多侦察飞机对地球上感兴趣的地区进行大量的空中摄影，对由此得来的照片进行判读分析需要雇用几千人，而现在改用配备有高级计算机的图像处理系统来进行判读分析，既节省人力，又加快了速度，还可以从照片中提取人工所不能发现的大量的有用情报。目前，遥感技术尤其是卫星遥感，已经在资源调查、灾害监测、农业规划、城市规划、环境保护等方面取得了很大的应用效果。我国也在以上诸方面的实际应用中取得了良好的成果，对我国国民经济的发展起到了相当大的作用。

在遥感技术中，应用图像处理和识别的领域有遥感图像识别的应用、地质遥感图像的处理与应用、森林遥感图像的处理与应用、国土资源遥感图像的处理与应用、海洋遥感图像的处理与应用。

2) 医用图像处理

医学上，不管是基础科学还是临床应用，都是图像处理种类极多的领域。例如，对生物医学的显微图像的处理分析方面，如红白细胞和细菌、染色体分析。另外，像胸部 X 线照片的鉴别、眼底照片的分析，以及超声波图像的分析等都是医疗辅助诊断的有力工具，目前，这类应用已经发展到专用的软件和硬件设备，最普遍使用的是计算机层析成像，亦称为 CT 技术，它是由英国的 Hounsfield 和美国的 Cormack 发明的。通过 CT，可以获取人体剖面图，使得肌体病变特别是肿瘤诊断起到了革命性的变化。近年来出现的核磁共振 CT，使人体免受各种射线的伤害，并且图像更为清晰。

利用图像重叠技术进行无损探伤也应用在工业无损探伤和检验中。智能化的材料图像分析系统将有助于人类深入地了解材料的微观性质，促进新型功能材料的诞生。

医疗微观手术使用微型外科手术器械进行血管内、脏器内的微观手术，其中一个基础就是医用图像。特制的图像内窥镜、体外 X 光监视和测量保证了手术的安全性和准确性。不仅如此,术前的图像分析和术后的图像监测都是手术成功的保证。

3) 工业领域中的应用

在工业领域中的应用一般有以下几个方面:工业产品的无损探伤、表面和外观的自动检查和识别、装配和生产线的自动化、弹性力学照片的应力分析、流体力学图片的阻力和升力分析。其中最值得注意的是计算机视觉,它采用摄影和输入二维图像的机器人,可以确定物体的位置、方向、属性以及其他状态等。它不但可以完成普通的材料搬运、产品集装、部件装配、生产过程自动监控,还可以在人不宜进入的环境里进行喷漆、焊接、自动检测等。现在已发展到具备视觉、听觉和触觉反馈的智能机器人。

4) 军事公安方面

主要应用是各种侦察照片的判读、运动目标的图像自动跟踪技术。例如,目前电视跟踪技术已经装备到导弹和军舰上,并在实践和演习中取得了很好的效果。另外,还有公安业务图片的判读分析,如指纹识别、不完整图片的复原等,在公安中的跟踪、监视、交通监控、事故分析中都已经用到了图像处理与识别技术。

5) 文化艺术方面

在文化艺术方面,有电视画面的数字编辑、动画片的制作、服装的花纹设计制作、文物资料的复制和修复;在体育方面,有运动员的训练、动作分析和评分等,这些都用到了图像处理及识别技术。

从所列举的图像技术的多方面应用及其理论基础可以看出,它们无一不涉及高科技的前沿课题,充分说明了图像技术是前沿性与基础性的有机统一。

可以预期,图像技术将深入人们的生活,创造新的文化环境,成为提高生产的自动化、智能化水平的基础科学之一。

1.3.6 光字符识别技术

1. 光字符识别技术简介

字符识别根据识别对象的不同,相应地分为西文识别、数字识别和汉字识别等。这些字符可以是手写体,也可以是印刷体,因此,字符识别又分为手写体字符识别和印刷体字符识别。根据输入设备的不同,字符识别可以分为联机识别和脱机识别。其中,联机识别是指将字符书写在与计算机相连的书写板上,由计算机根据字符的书写轨迹进行实时识别,因此,联机识别是针对手写体而言的。脱机识别是指将字符书写或打印在纸张上，用扫描仪或其他光电转换装置将其转换成电信号输入到计算机中，再由计算机进行识别。因此，脱机识别又称为光字符识别，就是我们常说的 OCR（optical character recognition），以强调其输入装置是光学设备。

光字符识别通过光学技术对文字进行识别。这种技术能够使设备通过光学机制来识别字符，即利用扫描仪或摄像机等光学设备将各种介质上的字符输入到计算机中，再由计算机对影像进行分析识别，从而得到相应的文本。

1929 年，德国的一位科学家率先提出了 OCR 的概念。50 年代初，OCR 技术已经进入了商业化应用阶段。到了 1975 年，全国零售商协会在识别商品标识、信用卡授权和库存控制等领域采用了 OCR 技术。在过去的几年中，由于相对低成本、高速度的计算机的出现，OCR 技术有了可观的改进。近几年，又出现了图像字符识别 ICR（image character recognition）和智能字符识别 ICR（intelligent character recognition），这三种字符自动识别技术的基本原理大致相同。

我国在 OCR 技术方面的研究工作起步较晚，在 70 年代才开始对数字、英文字母及符号的识别进行研究，70 年代末开始进行汉字识别的研究，到 1986 年，汉字识别的研究进入了一个实质性的阶段，取得了较大的成果，不少研究单位相继推出了中文 OCR 产品。从 80 年代开始，OCR 的研究开发就一直受到国家"863"计划的资助，我国在信息技术领域付出的努力已经有了初步的回报。目前，我们正在实现将 OCR 软件针对表格形式的特征设计大量的优化功能，使其识别精度更高，识别速度更快，并且为适应不同环境的使用提供了多种识别方式选项，支持单机和网络操作，极大地方便了使用，使应用范围更加广泛，能达到各种不同用户的应用要求。

OCR 用于将数据自动输入计算机。OCR 开始主要的应用是处理汽油借记卡。这种应用能够从非打印卡的账号中辨识购买者。早期的设备与打孔处理器一起使用，随着计算机和 OCR 系统精密程度的提高，OCR 技术也影响到了信用卡交易的付款处理过程，就是我们所知道的"汇款"。目前，这两项应用仍是 OCR 最主要的用途。

OCR 系统也多用于财务部门处理支付和票据业务，而且大量用在文档密集的保险业和保健业，同时也常用于图书馆、出版社和其他计算机录入印刷文档的领域。在大型制造环境中，也使用 OCR 系统阅读直接标记的人读零件编号。医药行业使用光字符检验（OCV）来保证关键的人读标签和日期数字的正确性。

近年来，其他的应用也出现了，包括现金登记、页面浏览等。任何带有重复性、变化性数据的文件都可以应用 OCR。一些充满想像的应用也在出现。也许最具有革命性的是 1curzuell soanner————一种供盲人阅读的设备。通过这种设备，光字符可以转换成语言。

2. 光字符识别的过程

OCR 可以说是一种不确定的技术研究，正确率就像是一个无穷趋近函数，知道其趋近值，却只能靠近而无法达到。因为其涉及的因素太多，书写者的习惯或文件印刷品质、扫描仪的扫描品质、识别的方法、学习及测试的样本等都会影响其正确率。

一个 OCR 识别系统，其目的是把影像作一个转换，使影像内的图形继续保存，表格内的资料及影像内的文字全部变成计算机文字，使影像资料的储存量减少，识别出的文字可再使用及再分析，同时节省因键盘输入的人力与时间。

光字符的处理流程如下：从要处理的目标物的影像获取到结果输出，经过影像输入、影像前处理、文字特征抽取、比对识别，最后经人工校正将错认的文字更正，并将结果输出。

1）影像输入

经 OCR 处理的目标物需透过光学仪器，如影像扫描仪、传真机或任何摄影器材将影像输入计算机。随着科技的进步，扫描仪等输入装置的品质越来越高，对光字符的识别有相当大的帮助。扫描仪的分辨率使影像更清晰，扫描速度更是能提高 OCR 处理的效率。

2）影像前处理

影像前处理是 OCR 系统中要解决问题最多的一个模块。从得到一个黑白的二值化影像或灰阶、彩色的影像，到独立输出一个个的文字影像的过程，都属于影像前处理。影像前处理包含了影像正规化、去除噪声、影像矫正等影像处理，以及图文分析、文字行与字分离的文件前处理。

值得一提的是，如何将独立文字抽取出来。如中文汉字特别的地方在于它有部首，因此不只是上下合成，左右合成的字也特别多，且有可能是两部分（如利、明等），也有三部分的（如捌、晰等）。当这些汉字与英文或数字同时存在且紧靠在一起时，判断如何连接或切出是相当困难的。

3）文字特征抽取

单以识别率而言，特征抽取可说是 OCR 的核心，用什么特征、怎么抽取，直接影响识别的好坏。而特征可说是识别的筹码，可分为统计特征和结构特征两类。如文字区域内的黑/白点数比即为统计特征。当文字区分成好几个区域时，这一个个区域黑/白点数比的联合，就成了空间的一个数值向量。在比对时，基本的数学理论就足以应付了。结构特征如字的笔画端点、交叉点的数量及位置、笔画段等特征，配合特殊的比对方法进行比对。

4）比对数据库

当抽取完输入文字的特征后，不管用统计特征或结构特征，都必须有一个比对数据库或特征数据库来进行比对。数据库的内容应包含所有要识别的字集文字及根据与输入文字一样的特征抽取方法所得的特征群组。

5）比对识别

这是可充分发挥数学运算理论的一个模块。根据不同的特征特性选用不同的数学距离函数。较有名的比对方法有欧式空间的比对方法、松弛比对法（relaxation）、动态程序比对法（dynamic programming，DP），以及类神经网络的数据库建立及比对、HMM（hidden markov model）等著名的方法。为了使识别的结果更稳定，也有所谓的专家系统（experts system）提出。

6）字词后处理

由于 OCR 的识别率并无法达到百分之百，一些除错甚至更正的功能也成为 OCR 系统中必要的一个模块，字词后处理就是一例。利用比对后的识别文字与其可能的相似候选字群，根据前后的识别文字找出最合乎的词做更正的功能。

7）字词数据库

字词数据库为字词后处理所建立的词库。

8）人工校正

人工校正是 OCR 最后的关卡。一个好的 OCR 软件除了有一个稳定的影像处理及识别核心以降低错误率外，人工校正的操作流程及其功能也影响着 OCR 的处理效率。

9）结果输出

其实输出是件简单的事，但却需看使用者用 OCR 的目的是什么。有人只要文本文件作部分文字的再使用之用，所以只要一般的文字文件；有人要和输入文件一模一样，所以要原文重现的功能；有人注重表格内的文字，所以要和 Excel 等软件结合。无论怎么变化，都只是输出档案格式的变化而已。

第 2 章 编码概述

21世纪是信息的时代,信息的重要性不言而喻。而我们如果想更好地利用各种先进的识别技术对海量的信息进行加工处理,从而促进信息化水平的提高,必须首先对信息进行编码,并转换为人或机器易于处理的形式,或利于信息的传输与保密。目前,在条码识别技术、射频识别技术等自动识别技术中,数据的编码已经成为自动识别技术的基础和重要组成部分。

编码对于不同的自动识别技术而言各不相同,包括对识别对象(物品)的编码与识别过程的编码。

对于物品的编码,人们自然而然地会想到数字、字母和连接符等符号组成的符号串,它们与事物对象或事物分类的类目对应,是事物或事物类的代表。编码就是用一种符号的形式来代表事物。如图形、颜色、缩简的文字等都可以用来表示事物或信息。例如,电阻色环码是一种以不同颜色的色环来区别不同电阻阻值的表示方法;去商店买东西,商品上往往有可以用条码阅读器识别的条码等。

因此,我们将这种编码定义为:将事物或概念赋予一定规律性的易于人或机器识别和处理的符号、图形、颜色、缩简的文字等。编码是人们统一认识、统一观点、交换信息的一种技术手段。编码的目的在于提高信息处理的效率。

如在通信理论中,编码是对原始信息符号按一定的数学规则所进行的变换。编码的目的是要使信息能够在保证一定质量的条件下尽可能迅速地传输至信宿。通信系统模型见图 2-1。

在通信中,一般要解决两个问题:一是在不失真或允许一定程度失真的条件下,如何用尽可能少的符号来传递信息,这是信源编码问题;二是在信道存在干扰的情况下,如何增加信号的抗干扰能力,同时又使信息的传输率最大,这是信道编码问题。

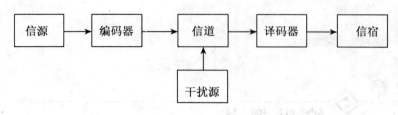

图 2-1　通信系统模型

2.1　物品编码

随着经济全球化和信息化的发展，特别是计算机和网络技术应用的快速拓展，物品编码在信息化建设中发挥着越来越重要的作用。物品编码为计算机的广泛应用和信息化处理提供了基础手段，在国民经济的各行业得到了广泛应用。

物品泛指各种产品、商品、物资和资产以及服务等的综合。物品编码是人类认识事物的一种方法，是通过编码来标识物品本身、物品状态、物品地理与逻辑位置等的人类认知活动。物品编码是指用一组有序的符号（数字、字母或其他符号）组合来标识不同类目物品的过程。这组有序的符号组合称为物品代码。物品代码实质是一种识别物品的手段。

物品编码按编码的作用可分为物品分类编码、物品标识编码和物品属性编码。

2.1.1　物品分类编码

物品分类编码是指从宏观上根据物品的特性在整体中的地位和作用对物品进行分层划分的编码，用于信息处理和信息交换。目前，国内外主要的物品分类编码体系情况详见表 2-1。

表 2-1　　　　　国内外主要的物品分类编码体系

国际情况			国内情况			采用国际标准情况
名称	维护管理机构	应用情况	名称	维护管理机构	应用情况	
《产品总分类》(CPC)	联合国统计署（UNSTAT）	各国经济统计、宏观管理	GB/T7635《全国主要产品分类与代码》	中国统计局	在宏观经济和社会统计方面应用广泛	与 CPC 兼容

第 2 章 编码概述

续表

国际情况			国内情况			采用国际标准情况
名称	维护管理机构	应用情况	名称	维护管理机构	应用情况	
《商品名称及编码协调制度》(HS)	世界海关组织(WCO)	用于海关、统计、进出口管理	《中华人民共和国海关统计商品目录》(HS)	中国海关	在海关、统计、进出口管理及国际贸易方面应用广泛	与 HS 兼容
GS1 编码体系	国际物品编码协会(GS1)	用于全球贸易与流通领域	中国商品代码体系(已建立了完善的标准体系)	中国物品编码中心	在我国贸易与流通领域已得到广泛应用	与 GS1 编码体系兼容
产品电子代码(EPC)	国际物品编码协会(GS1、EPCglobal)	用于全球贸易与流通领域对单品的管理	产品电子代码(尚无国家标准)	中国物品编码中心	用于我国贸易与流通领域对单品的管理,已开始得到应用	急需制定相关国家标准,制定的国家标准应兼容国际标准
《联合国标准产品与服务分类代码》(UNSPSC)	联合国计划开发署(UNDP),国际物品编码协会(GS1)	电子商务	联合国标准产品与服务分类(尚无国家标准)	中国物品编码中心	用于电子商务、政府采购	

2.1.2 物品标识编码

物品标识编码是指对某一个、某一批次或某一品类物品分配的惟一性的编码,一般作为查询或索引中的数据库关键字。根据对物品标识的精确度,物品标识编码可以是以下层级的标识:物品品类(物品编号/型号/图号)、物品批次(物品定单号/批次)、物品单品(物品流水序列号)。物品标识编码对物品进行无涵义的客观标识,便于电子商务中数据的检索和交换。

1. 物品品类编码

目前，属于物品品类编码的物品标识编码主要有商品代码。商品代码主要用于商品零售、批发等贸易结算和物流管理，也可以用于其他领域的物品管理，适用于产品、服务、物资、零部件等所有可以计价或计量的物品品种管理。目前，我国商品代码是一个应用成熟的编码体系，也是我国目前商品代码体系的主要组成部分，在商品流通领域已得到了广泛的应用。

2. 物品批次编码

对物品批次的标识编码一般由物品品类标识编码和物品定单号/批号组合而成。

3. 物品单品编码

物品单品编码是针对流通过程中需要单个跟踪管理的物品而言的，它包括物流单元代码、资产代码、服务关系代码、产品电子代码 EPC 等。

2.1.3 物品属性编码

物品属性编码可分为固有属性编码和可变属性编码。物品固有属性编码是指对物品本身的固有特性进行描述的编码，物品的固有特性在一段时间内是相对不变的，与物品的流动和交易等是不相关的。还有一些物品属性编码随着物品在供应链中的流动和交易如位置等的变化而变化，称之为可变属性编码。对这些与物品本身发生联系的外延性信息的编码，主要有位置码、国际贸易用计量单位代码、世界各国和地区名称代码、表示货币和资金的代码等。

2.2 信源编码

在通信中使用信源编码定理（香农第一定理、香农第二定理），可以使失真和信道干扰的影响达到最小，同时能以接近信道容量的信息传输率来传送信息。

信源编码主要指以消除信源数据冗余度、降低信源数据量为主要目的的各种编码。信源编码是为了减少信源输出符号序列中的剩余度（传输和恢复消息时所需的最少、最必要的信息以外的剩余信息在信源全部信息中所占的比重）、提高符号的平均信息量而对信源输出的符号序列所施行的变换。具体地说，就是针对信源输出符号序列的统计特性来寻找某种方法，把信源输出符号序列变换为最短的码字序列，使后者的各码元所载荷的平均信息量最大,同时又能保证无失真地恢复原来的符号序列。广义地说,一切旨在减少剩余度而对信源输出符号序列所进行的变换或处理,如过滤、预测、域变换和数据压缩等,均可归入信源编码的范畴。

最原始的信源编码就是莫尔斯电码。另外,还有 ASCII 码和电报码都是信源编码。但现代通信应用中,常见的信源编码方式有 Huffman 编码、算术编码、L-Z 编码,这三种编码都是无损编码,另外还有一些有损的编码方式。信源编码的目标就是使信源减少冗余,更加有效、经济地传输,最常见的应用形式就是压缩。

2.2.1 霍夫曼编码

霍夫曼编码是可变字长编码(VLC)的一种。Huffman 于 1952 年提出一种编码方法,该方法完全依据字符出现的概率来构造平均长度最短的码字,有时称之为最佳编码,一般就叫作 Huffman 编码。

同其他码字长度可变的编码一样,不同码字的生成是基于不同符号出现的不同概率。生成霍夫曼编码算法基于一种称为编码树(coding tree)的技术。

在霍夫曼编码理论的基础上发展了一些改进的编码算法。其中一种称为自适应霍夫曼编码(adaptive Huffman code)。这种方案能够根据符号概率的变化动态地改变码词,产生的代码比原始霍夫曼编码更有效。另一种称为扩展霍夫曼编码(extended Huffman code),允许编码符号组而不是单个符号。

霍夫曼码的码长虽然是可变的,但却不需要另外附加同步代码。这是因为这两种方法都自含同步码,在编码之后的码串中都不需要另外添加标记符号(在译码时分割符号的特殊代码)。

2.2.2 算术编码

早在 1948 年,香农就提出将信源符号依其出现的概率降序排序,用符号序列累计概率的二进制值作为对信源的编码,并从理论上论证了它的优越性。1960 年,Peter Elias 发现无需排序,只要编、解码端使用相同的符号顺序即可,并提出了算术编码的概念。Elias 没有公布他的发现,因为他知道算术编码在数学上虽然成立,但不可能在实际中实现。1976 年,Pasco 和 Rissanen 分别用定长的寄存器实现了有限精度的算术编码。1979 年,Rissanen 和 Langdon 一起将算术编码系统化,并于 1981 年实现了二进制编码。1987 年,Witten 等人发表了一个实用的算术编码程序,即 CACM87(后用于 ITU-T 的 H.263 视频压缩标准）。同期，IBM 公司发表了著名的 Q-编码器（后用于 JPEG 和 JBIG 图像压缩标准）。从此，算术编码迅速得到广泛的注意。

算术编码的基本原理是将编码的消息表示成实数 0 和 1 之间的一个间隔（interval），消息越长，编码表示它的间隔就越小，表示这一间隔所需的二进制位就越多。算术编码用到了两个基本的参数：符号的概率和它的编码间隔。信源符号的概率决定压缩编码的效率，也决定编码过程中信源符号的间隔，而这些间隔包含在 0 到 1 之间。编码过程中的间隔决定了符号压缩后的输出。

2.3 信道编码

信道编码是为了对抗信道中的噪音和衰减，通过增加冗余来提高抗干扰能力以及纠错能力。提高数据的传输效率、降低误码率是信道编码的任务。信道编码的本质是增加通信的可靠性。

信道编码的过程是在源数据码流中加插一些码元，从而达到在接收端进行判错和纠错的目的，这就是我们常常说的开销，这样会使有用的信息数据传输减少。这就好像我们运送一批玻璃杯一样，为了保证运送途中不出现玻璃杯打碎的情况，我们通常都用一些泡沫或海绵等物将玻璃杯包装起来，这种包装使玻璃杯所占的容积变大，原来一部车能装 5 000 个玻璃杯，包装后就只能装 4 000 个了，显然，包装的代价使运送玻璃杯的有效个数减少了。同样，在带宽固定的信道中，总的传送码率也是固定的，由于信道编码增加了数据量，其结果只能是以降低传送的有用信息码率为代价了。不同的编码方式，其编码效率有所不同，编码效率是有用比特数与总比特数的比值。

信道编码又称为错误控制编码。当消息经过有噪信道传输或要恢复储存的数据时用来纠错。不同种类的信道易产生不同种类的噪声，对传输的数据造成损害。信道编码试图克服信道中噪声造成的损害。信道编码与错误控制编码这两个术语间可以互换。

一个好的信道编码方案的目标是：

(1) 用可以纠正的错误个数来衡量纠错能力。

(2) 快速有效地对消息进行编码。

(3) 快速有效地对接收到的消息进行译码。

(4) 单位时间内所能传输的信息比特数尽量大。

按信息码元和监督码元之间的约束关系,错误控制码包括分组码和卷积码。

分组码是对信源待发的信息序列进行分组(每组 K 位)编码,它的校验位仅同本组的信息位有关。自 20 世纪 50 年代分组码的理论获得发展以来,分组码在数字通信和数据存储系统中已被广泛应用。

卷积码不对信息序列进行分组编码,它的校验元不仅与当前的信息元有关,而且同以前有限时间段上的信息元有关。卷积码在编码方法上尚未找到像分组码那样有效的数学工具和系统理论。但在译码方面,不论是在理论上还是在实用上,都超过了分组码,因而在差错控制和数据压缩系统中得到了广泛应用。

2.3.1 分组码

分组码又分为线性分组码和非线性分组码。线性分组码包括循环码(如 BCH 码、RS 码)和非循环码(如奇偶校验码、汉明码)。以下重点介绍线性分组码。

线性码是指信息位和监督位满足一组线性方程的码;分组码中,监督码仅对本码组起监督作用,既是线性码又是分组码,称为线性分组码。

线性循环码中的 BCH 码是 1959 年由霍昆格姆(Hocquenghem)、博斯(Bose)和查得胡里(Chaudhuri)各自独立发现的。BCH 码是一类最重要的二元线性循环码,能纠正多个随机错误。由于其纠错能力强、构造方便、编码简单、译码易实现等一系列优点而被广泛采用。

RS 码属于 BCH 码的一种。RS 码是 Reed-Solomon 码(里德-索罗门码)的简称,它是一类非二进制 BCH 码。该编码技术是利用伽罗华创造的伽罗华域(Galois field)中的数学关系把传送数据包的每个字节映射成伽罗华域中的一个元素(又称符号),每个数据包都按码生成多项式为若干个字节的监督校验字节,组成 RS 的误码保护包,接收端则按校验矩阵来校验接收到的误码保护包是否有错,有错时,则在错误允许的范围内纠错。

RS 码是性能很优越的分组码,尤其是具有很强的抗突发误码的能力,因此被广泛应用于各种通信领域,典型的应用领域包括储存器件(磁带、CD、DVD、条码等)、无线或移动通信(移动电话、微波连接等)、数码电视或数码视频广播 DVB、高速调制解调器等。

奇偶校验码是一种通过增加冗余位使得码字中"1"的个数恒为奇数或偶数的编码方法,它是一种检错码。在实际使用时,又可分为垂直奇偶校验、水平奇偶校验和水平垂直奇偶校验等几种。

汉明码是在原编码的基础上附加一部分代码,使其满足纠错码的条件,它属于线性分组码。由于线性码的编码和译码容易实现,因此,汉明码至今仍是应用最广泛的一类码。汉明码的抗干扰能力较强,但付出的代价也很大。在实际应用中,常常存在各种突发干扰,使连续多位数据发生差错。为了纠正3个以上的差错,就要加大码距,使代码冗余度大大增加,通信效率下降。

2.3.2 卷积码（convolution codes）

卷积码是一种非分组编码。在许多实际情况下,卷积码的性能常优于分组编码。卷积码的监督码元不实行分组监督,每一个监督码元都要对前后的信息单元起监督作用,整个编解码过程也是一环扣一环,连锁进行下去的。卷积编码后的 N 个码元不仅与本段的信息元有关,而且也与其前 $N-1$ 段信息有关,故也称连环码。

卷积编码的结构是信息码元、监督码元、信息码元、监督码元等。在解码过程中,首先将接收到的信息码与监督码分离,由接收到的信息码再生监督码,这个过程与编码器相同。然后将此再生监督码与接收到的监督码比较,判断有无差错,并纠正这些差错。

2.3.3 Turbo 码

Shannon 编码定理指出:如果采用足够长的随机编码,就能逼近 Shannon 信道容量。但是传统的编码都有规则的代数结构,远远谈不上"随机";同时,出于对译码复杂度的考虑,码长也不可能太长。所以,传统的信道编码性能与信道容量之间都有较大的差距。事实上,长期以来,信道容量仅作为一个理论极限存在,实际的编码方案设计和评估都没有以 Shannon 限为依据。

1993 年,两位法国教授 Berrou、Glavieux 和他们的缅甸籍博士生 Thitimajshima 在国际通信学术会议(international conference on communication, ICC)上发表的 *Near Shannon limit error-correcting coding and decoding: Turbo codes* 提出了一种全新的编码方式——Turbo 码。Turbo 码实际上是分组码和卷积码的准混合物。它们像分组码一样要求在编码前要给出整个分组,但 Turbo 码不是从一个方程组中计算奇偶校验比特,而是像卷积码那样用移位寄存器。

2.4 安全通信编码

安全通信编码（密码）是通信双方按约定的法则进行信息特殊变换的一种重要保密手段。依照这些法则，变明文为密文，称为加密变换；变密文为明文，称为脱密变换。密码在早期仅对文字或数码进行加密、脱密变换，随着通信技术的发展，对语音、图像、数据等都可实施加密和脱密变换。

进行明密变换的法则称为密码的体制，指示这种变换的参数称为密钥，它们是密码编制的重要组成部分。密码体制的基本类型可以分为四种：错乱——按照规定的图形和线路改变明文等的位置成为密文；代替——用一个或多个代替表将明文代替为密文；密本——用预先编定的字母或数字密码组代替一定的词组、单词等，将明文变为密文；加乱——用有限元素组成的一串序列作为乱数，按规定的算法，同明文序列相结合变成密文。以上四种密码体制既可单独使用，也可混合使用，以编制出各种复杂度很高的实用密码。

密码的目标是对网络上交换的信息提供高层次的保密性、完整性、无抵赖性和认证。消息和存储数据的保密性是通过加密技术隐藏信息完成的。消息的完整性确保从它产生到被收信人解密期间保持不变。无抵赖性可为某消息来自某人提供一种证明，即使他们试图否认。认证提供两种服务：首先，它排除对信息来源的疑虑；其次，它检查登录到系统的用户身份，而且持续检查他们的身份，以防他人攻入系统。

一个密码系统的安全性只在于密钥的保密性，而不在算法的保密性。所有这些算法的安全性都基于密钥的安全性，而不是基于算法的细节的安全性。密码系统由算法、明文、密文和密钥组成。

基于密钥的算法通常有对称算法和公开密钥算法两类。

2.4.1 对称密码算法

对称密码算法有时又叫传统密码算法，就是加密密钥能够从解密密钥中推算出来，反过来也成立。在大多数对称算法中，加/解密密钥是相同的。这些算法也叫保密密钥算法或单密钥算法，它要求发送者和接收者在安全通信之前商定一个密钥。对称算法的安全性依赖于密钥，泄露密钥就意味着任何人都能对消息进行加/解密。只要通信需要保密，密钥就必须保密。

对称算法可分为两类。一类是一次只对明文中的单个比特（有时对字节）运算的算法称为序列算法或序列密码，称为流密码；另一类算法是对明文的一组比特进行运算，这些比特组称为分组，相应的算法称为分组算法或分组密码。

对称密钥算法中比较典型的算法为数据加密标准（data encryption standard，DES）。DES 是联邦信息处理标准（FIPS）46-3 号的明字，它描述了数据加密算法（DEA）。DEA 也是美国国家标准化协会 ANSI 标准 X9.32 中定义的。

DEA 实质上是从 IBM 在 20 世纪 70 年代早期设计的算法 Lucifer 改进而来的。美国国家标准局在 1975 年公布了数据加密标准 DES。算法基本由 IBM 设计，美国国家标准与技术研究院 NIST 在开发的最后阶段也起了实际的作用。DES 自从公布以来得到了广泛的研究，它是世界上最著名和应用最广泛的对称算法。

在运行中，DEA 的分组长度为 64 bits，密钥长度为 56 bits（8 个奇偶校验 bits 从 64 bits 的完整密钥中剔除）。当在通信中应用时，发送者和接收者都必须知道相同的密钥，它可以被用于加密和解密消息，或产生检验消息验证码（MAC）。DEA 也可以用于单用户加密，比如在硬盘上储存加密后的文件。

DES 现在已在世界范围内使用了 20 年，因为它是一个标准，这表明任何实现了 DES 的系统可以与任何其他使用它的系统通信。全世界的银行和商业部门都使用 DES，在网络中也使用它，还用它来保护 Unix 操作系统中的口令文件。

2.4.2 公开密钥算法

公开密钥算法（也叫非对称算法）是这样设计的：用作加密的密钥不同于用作解密的密钥，而且解密密钥不能根据加密密钥计算出来（至少在合理假定的长时间内）。之所以叫作公开密钥算法，是因为加密密钥能够公开，即陌生者能用加密密钥来加密信息，但只有用相应的解密密钥才能解密信息。在这些系统中，加密密钥叫作公开密钥（简称公钥），解密密钥叫作私人密钥（简称私钥）。私人密钥有时也叫秘密密钥。

RSA 算法是非对称密钥算法中比较常用的一种。RSA 算法是用三位发明人 Rivest、Shamir、Adleman 的名字命名的，它是第一个被实施的公开密码算法，而且多年来在全世界密码分析者的仔细研究下仍立于不败之地。

RSA 很容易将两个大素数相乘，但从结果中将它们分解却极其困难。

分解一个数是指找出它的素因子，也就是那些需要乘在一起以产生要分解的数的那些素数。

RSA 的缺点主要有：①产生密钥很麻烦，由于受到素数产生技术的限制，因而难以做到一次一密。②分组长度太大，为保证安全性，N 至少要在 600 bits 以上，运算代价很高，尤其是速度较慢，较对称密钥算法慢几个数量级。随着大多数分解技术的发展，这个长度还在增加，不利于数据格式的标准化。

第3章 载 体

任何一种自动识别技术都需要有相应的载体承载识别信息,不同的自动识别技术所选择的载体也有所不同。本章对几种自动识别技术的载体进行介绍。

3.1 条码标签

条码识别技术的核心是条码符号,条码符号的载体称为条码标签。条码标签是指带有条码和人工可读字符的信息,也可能包含其他文字或图形,用于标识物品,以印刷、贴附或吊牌方式与物品相随的信息载体。

条码标签按其制作工艺包括覆隐条码标签、覆合条码标签、永久性标签、印刷标签、打印标签、印刷打印标签。

1. 覆隐条码标签

覆隐条码标签用专用材料通过特殊工艺将条码印制成肉眼和可见光仪器不可见的,但能用专用仪器识读的形式,上面可印刷其他文字或图形,具有自动识别和防伪功能。

2. 覆合条码标签

覆合条码标签把覆隐条码层、油墨防伪图形层和条码层通过特殊工艺覆盖融合于一体,表面只有肉眼可见的条码,具有自动识别和多重防伪功能。

3. 永久性标签

永久性标签与所附着的承载物不可分离或分离后即被破坏,且使用扫描寿命与承载物使用期限相同的标签。

4. 印刷标签

采用制版印刷的方式制作,大批量生产的同一种规格、尺寸、包含相同信息的标签。

5. 打印标签

打印标签用条码打印机（或其他打印设备）制作，可打印各种变量内容，多采用黑色或单一颜色，可在需要使用条码标签的地点即时制作的标签。

6. 印刷打印标签

印刷打印标签预先印刷好固定不变的图案或内容，预留出需要打印变量内容的空白位置，在条码打印机或其他打印设备上二次打印的标签。

条码标签按其应用领域的不同，可分为商品条码标签、物流标签、生产控制标签、办公管理标签和票证标签等。

1. 商品条码标签

商品条码标签上的条码用于商业 POS 系统，条码符号采用专用的 EAN 商品条码和 UPC 商品条码，在全球范围内惟一标识一种商品。

2. 物流条码标签

物流条码标签上的条码符号采用 EAN/UCC 系统——128 条码。标签分为三个区段，通常为承运商区段、客户区段和供应商区段。标签上的信息有两种基本形式，一种是供人识读的文字与图形，另一种是条码符号表示的信息。

3. 生产控制条码标签

条码符号中包含原材料、半成品或成品的相关信息，如生产日期、批次号、货号等相关资料，便于生产过程控制系统中数据的采集。

4. 办公管理条码标签

用于办公自动化管理系统的条码标签，如图书、资产、文件、档案上的标签。

5. 票证条码标签

带有条码符号的各种证卡，如机场登机牌、火车票、船票、长途汽车票、高速公路收费票、停车票以及各种证件、出入证等。

条码标签按其所印刷的载体包括纸类标签、合成纸与塑胶标签、特种标签三类。表 3-1 列出了各种标签的应用场合。

表 3-1　　　　　　　　　各种条码标签的应用场合

标签类型	用　　途
纸类标签	超市零售、服装吊牌、物流标签、商品标签、铁路车票、药品标签产品印刷或条码打印

续表

标签类型	用途
合成纸与塑胶标签	电子零件、手机、电池、电器产品、化学产品、户外广告、汽车零件、纺织品印刷或条码打印
特种标签	冷冻保鲜食品、净化间、产品防拆、名牌产品高温伪标签印刷或条码打印

由于大多数条码都直接印刷在物品上，因此，条码的印刷载体以纸张、塑料、马口铁、铝箔等为主。以纸张、薄膜或特种材料为面料的条码标签可在其背面涂有胶粘剂，以涂硅保护纸为底纸，作为不干胶标签。

鉴于条码的尺寸精度和光学特性直接影响条码的识读，印刷载体的设计应考虑以下两个方面：

（1）为保证条码尺寸的精度，应选用受温度影响小、受力后尺寸稳定、着色度好、油墨扩散适中、渗透性小、平滑度好、光洁度适中的材料作为印刷载体。

（2）为保证条码的光学特性，应注意材料的反射特性，避免选用反光或镜面式窄反射材料。

实践证明，条码印刷以纸张作印刷载体时，应首选铜版纸、胶版纸、白版纸；以塑料作印刷载体时，应首选双向拉伸聚丙烯薄膜；以金属材料作为印刷载体时，应首选铝合金板和马口铁。常用的瓦楞纸包装箱包装由于表面平整性差、油墨渗透性不一致，在瓦楞纸上印刷条码会产生较大的印刷误差，因此，一般情况下不在瓦楞纸板上印刷条码。如果一定要在瓦楞纸上印刷条码，则要加厚楞纸板的面纸、底纸厚度，且条码的条应与瓦楞方向一致。

3.2 射频标签

3.2.1 射频标签简介

射频标签（电子标签）是射频识别技术的信息载体。射频标签具有可非接触识别（识读距离可以从十厘米至几十米）、可识别高速运动物体、抗恶劣环境、保密性强、可同时识别多个识别对象等突出特点，因此它可在更广泛的场合中应用。

射频标签通常被粘贴在需要识别或追踪的物品上，如货架、汽车、自动导向的车辆、动物等，用于交通运输（汽车、货箱识别）、路桥收费、保安（进出控制）、自动生产和动物管理等方面。另外，在自动存储、工具识别、人员监控、包裹和行李分类、车辆监控和货架识别等方面，射频标签也有应用。

根据射频标签的技术特征，可以把各种射频标签进行不同的分类。射频标签按射频识别系统的基本工作方式、数据量、可编程、数据载体、状态模式、能量供应、频率范围、射频标签→读写器数据传输方式等特征，可进行如图 3-1 所示的分类。

射频标签一般根据其工作频率可分为低频（低于 135 KHz）、高频（13.56 MHz）、超高频（860～960 MHz）或微波。

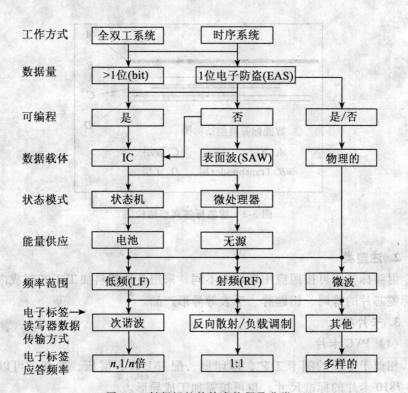

图 3-1 射频标签的技术特征及分类

3.2.2 射频标签的制作与封装

射频标签由于形态材质不同,产品分三大类。

1. 标签类

带自粘贴功能的标签,可以在生产线上由贴标机贴在箱、瓶等物品上,或手工粘贴在车窗(如出租车)上、证件(如大学学生证)上,也可以制成吊牌挂、系在物品上,用标签复合设备完成加工过程。标签结构由面层、芯片线路(INLAY)层、胶层、底层组成。面层可以用纸、PP、PET 等多种材质作覆盖材料(印刷或不印刷)作为产品的表面。芯片线路(INLAY)有多种尺寸、多种芯片、多种 EEPROM 容量,可按用户需求配置后定位在带胶面;胶层由双面胶式或涂胶式构成。底层有两种情况,一为离型纸(硅油纸),二为覆合层(按用户要求)。标签的分层结构如图 3-2 所示。

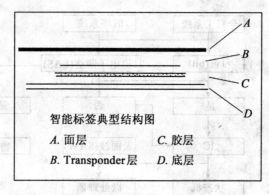

图 3-2 智能标签典型结构图

2. 注塑类

射频标签还可按照应用领域的不同,采用各种塑料加工工艺制成内含射频标签芯片的筹码、钥匙牌、手表等异形产品。

3. 卡片类

(1) PVC 卡片

相似于传统的制卡工艺,即印刷、配 INLAY、层压、冲切。可以符合 ISO-7810 卡片的标准尺寸,也可按需加工成异形。

(2) 纸、PP 卡

由专用设备完成,它在尺寸、外形、厚度上并不作限制。结构由面层

（卡纸类）、INLAY 层、底层（卡纸等）粘合而成。现在常见的各类产品如图 3-3 所示。

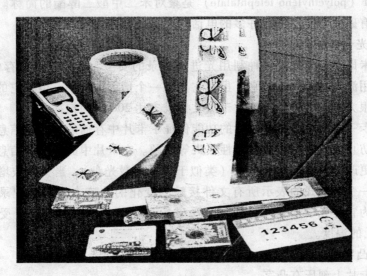

图 3-3 常用的射频标签产品

通过上述形态介绍可以了解到，射频标签的封装加工完全跨越了传统"卡"的概念，也说明射频标签在应用领域上的前景十分广阔。随着射频标签产业链的逐渐形成和完善，制造业的信息化水平将会因为有了形态各异的射频标签而迅速提升一个新台阶。

3.3 卡

在日常生活中，人类很早就开始使用各种卡片如名片、身份证、通行证、信用卡等。人们之所以广泛接受并使用各种卡片，说明它的用途十分广泛，并和人们的日常生活息息相关。随着社会的进步、科学技术的发展，人们期盼新型卡片的出现，以满足日常生活、工作的需要。

当前，用于信息处理的卡片基本上都采用了较新的技术，可以分成半导体卡和非半导体卡两大类。非半导体卡有磁卡、PET 卡、光卡、凸字卡等；半导体卡有 IC 卡等。

1. 磁卡

将磁条贴在塑料卡片上制成的卡片。目前，许多银行自动提款卡和信用卡均为此种卡片。

2. PET 卡

PET（polyethyleno telephtalate）是聚对苯二甲酸二醇酯的简称。整个卡片均涂有磁性物质。现有许多的电话卡就是此类卡片。

3. 光卡

光卡即激光卡，是一种利用光进行记录的安全、耐久的信息存储装置，需要使用激光光源来识读它。虽然它只有一个信用卡大小，但是它的信息存储量却很大，一般可以存储数千页文件或多达 200 页的扫描文件。

光卡一次写入、多次识读的功能保证了卡片中存储的文件和信息的安全性，并防止篡改、消除或事故性丢失等问题。在卡片中的文件和信息能够被增加或更改，但是不能被消除（类似于可录式激光盘）。当文件被增加或更改后，一个永久式的表示所有文件接触的变化的轨迹会被自动记录在卡片上。因为它是光学卡片，所以不会受磁场和电场的干扰，可以经受住高达 212 华氏的温度。

4. 凸字卡

在卡片上刻压有凸字。

下面重点对磁卡和 IC 卡进行介绍。

3.3.1 磁卡

磁卡是一种磁记录介质卡片，它由高强度、耐高温的塑料或纸质涂覆塑料制成，能防潮、耐磨，且有一定的柔韧性，携带方便，使用较为稳定可靠。磁卡上的磁条是一层薄薄的定向排列的铁性氧化粒子组成的材料（也称为涂料），用树脂粘合在一起，并粘在诸如纸或塑料这样的非磁性基片上。

应用于银行系统的信用卡是磁卡较为典型的应用。发达国家从 20 世纪 60 年代就开始普遍采用金融交易卡支付方式。美国是信用卡的发祥地；日本首创了用磁卡取现金的自动取款机及使用磁卡月票的自动检票机。1972 年，日本制定了磁卡的统一规范；1979 年，又制定了磁条信用卡的日本标准 JIS-B-9560、9561 等。国际标准化组织也制定了相应的标准，分别为 ISO 7810、ISO 7811-1 至 ISO 7811-6、ISO 7812、ISO 7813 以及 ISO 15457 等。其中，ISO 7810 标准制定了磁卡的物理特性等；ISO 7812 标准制定了磁卡的记录技术标准；ISO 7811-4 标准制定了磁卡上只读的 Track1 和 Track2 的记录技术标准；ISO 7811-5 标准制定了磁卡上可读/写的 Track3 的记录技术标准；

ISO 15457 标准制定了磁卡物理标准/测试方式 Track 标准 F/2F 技术标准。

通常，磁卡的一面印刷有说明提示性信息，如插卡方向；另一面则有磁层或磁条，具有 2~3 个磁道，以记录有关的信息数据。一般而言，应用于银行系统的磁卡上的磁带有 3 个磁道，分别为 Track1、Track2 及 Track3。每个 Track 都记录着不同的信息，这些信息有着不同的应用。此外，也有一些应用系统的磁卡只使用了两个磁道（Track），甚至只有一个磁道（Track）。

图 3-4 所示是符合 ANSI 及 ISO/IEC 标准的磁卡的物理尺寸定义，这些尺寸的定义涉及磁卡读写机具的标准化。在对磁卡上的 Track1（或 Track2 或 Track3）进行数据编码时，其数据在磁带上的物理位置偏高或偏低了，则这些已编码的数据信息就会偏移到另外的 Track 上。其中，Track1、2、3 的每个磁道宽度相同，大约在 2.80 mm（0.11 英寸）左右，用于存放用户的数据信息。相邻的两个 Track 约有 0.05 mm（0.02 英寸）的间隙（gap），用于区分相邻的两个磁道。整个磁带宽度在 10.29 mm（0.405 英寸）左右（如果是应用 3 个 Track 的磁卡），或是在 6.35 mm（0.25 英寸）左右（如果是应用两个 Track 的磁卡）。实际中所接触到的银行磁卡上的磁带宽度会加宽 1~2 mm 左右，磁带总宽度在 12~13 mm 之间。

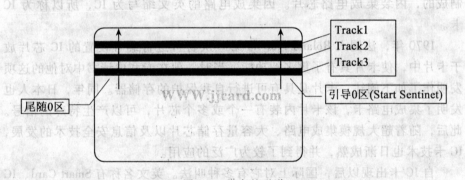

图 3-4 磁卡的磁道

在磁带上，记录 3 个有效磁道数据的起始数据位置和终止数据位置不是在磁带的边缘，而是在磁带边缘向内缩减约 7.44 mm（0.293 英寸）为起始数据位置（引导 0 区），在磁带边缘向内缩减约 6.93 mm（0.273 英寸）为终止数据位置（尾随 0 区）。这些标准是为了有效地保护磁卡上的数据，使其不易丢失，因为磁卡边缘上的磁记录数据很容易因物理磨损而被破坏。

磁卡数据可读写，即具有现场改变数据的能力。磁卡的数据存储量能满足大多数需要，价格合理，使用方便，还具有一定的数据安全性。磁卡能粘附于许多不同规格和形式的基材上。这些优点使磁卡在很多领域得到了广泛应用，如信用卡、银行 ATM 卡、机票、公共汽车票、自动售货卡、会员卡、现金卡（如电话磁卡）等。

但随着磁卡应用的不断扩大，磁卡技术特别是其安全技术已难以满足越来越多的对安全性要求较高的应用需求。以前在磁卡上应用的安全技术，如水印技术、全息技术、精密磁记录技术等，随着时间的推移，其相对安全性已大为降低。同时，由于磁卡本身的结构简单、磁条（磁层）暴露在外、存储容量小、无内部安全保密措施等，很容易被破译。

由于磁卡的这些缺点，人们将眼光投向了 IC 卡。

3.3.2 IC 卡

1. IC 卡简介

通常所讲的 IC（integrated circuits）卡是指将集成电路芯片固封在塑料基片中的卡片，它的外形和尺寸同普通名片差不多，一般厚度为 0.76～1.2 mm，小巧玲珑，携带方便，使用简捷。IC 卡的基片是由聚氯乙烯硬质塑料制成的，内装集成电路芯片。因集成电路的英文缩写为 IC，所以称为 IC 卡。

1970 年，法国人 Roland Moreno 第一次将可进行编程设置的 IC 芯片放于卡片中，使卡片具有了更多的功能。当时，他在专利申请书中对他的这项发明作了如下阐述：卡片是具有可进行自我保护的存储器。同年，日本人也发明了集成电路卡，该卡片内装有一个或多个芯片，可以产生特殊的信号。此后，随着超大规模集成电路、大容量存储芯片以及信息安全技术的发展，IC 卡技术也日渐成熟，并得到了较为广泛的应用。

自 IC 卡出现以后，国际上对它有多种叫法。英文名称有 Smart Card、IC Card 等。在亚洲特别是港台地区，则多称 IC 卡为聪明卡、智慧卡和智能卡。在我国，人们一般称之为 IC 卡或智能卡，本书统称为 IC 卡。

什么是 IC 卡，目前业界人士尚无统一、全面的定义，但以下几种解释性说明从不同方面对 IC 卡进行了描述。

（1）外形与信用卡一样，但卡上含有一个符合国际标准化组织（ISO）有关标准的集成电路芯片（IC）。

（2）由一个或多个集成电路芯片组成，并封装成便于人们携带的卡片。具有暂时或永久性的数据存储能力，其内容可供外部读取，或供内部处理、判断应用；具有逻辑和数学运算处理能力，用于识别和响应外部提供的信息和芯片本身的处理需求。

(3) 实际上，IC 卡就是集成电路卡。它是一种随着半导体技术的发展和社会对信息的安全性等要求的日益提高应运而生的，是一种将具有微处理器及大容量存储器的集成电路芯片嵌装于塑料等基片上而制成的卡片。它的外形和普通磁卡做成的信用卡十分相似，只是略厚一些，具体尺寸为 (85.47~85.72) mm × (53.92~54.03) mm，比磁卡做成的信用卡厚 0.76±0.08 mm（根据 ISO 标准）。

IC 卡上可以印有彩色相片及说明性文字等信息。在对安全性要求较高的 IC 卡表面上，则印有全息图像或类似纸币上的回纹等信息。

IC 卡具有以下突出的特点：

(1) 存储容量大。其内部可含有 RAM、ROM、EPROM、EEPROM 等存储器，存储容量可以从几字节到几兆字节。

(2) 体积小，重量轻，抗干扰能力强，便于携带。

(3) 安全性高。IC 卡从硬件和软件等几个方面实施其安全策略，可以控制卡内不同区域的存取特性。存储器卡本身具有控制密码的功能，若非法试图对之解密，则卡片自毁，即不可进行读写，所以智能卡内数据具有很高的安全性。

(4) 对网络要求不高。IC 卡的绝对安全可靠性使其在应用中对计算机网络的实时性、敏感性要求降低，十分符合当前的国情，有利于在网络质量不高的环境中应用。

IC 卡和磁卡比较有以下优点：

(1) IC 卡的安全性比磁卡高得多。IC 卡的信息加密后不可复制，密码核对错误有自毁功能，而磁卡很容易被复制。

(2) IC 卡的存储容量大，内含微处理器，存储器可以分成若干应用区，便于一卡多用，方便保管。

(3) IC 卡防磁、防静电，抗干扰能力强，可靠性比磁卡高，可重复读写十万次，使用寿命长。

(4) IC 卡的读写机构比磁卡的读写机构简单可靠，造价便宜，容易推广，维护方便。

从全球范围看，IC 卡已广泛地应用于金融财务、社会保险、交通旅游、医疗卫生、政府行政、商品零售、休闲娱乐、学校管理及其他领域。

2. IC 卡分类

1）接触式 IC 卡和非接触式 IC 卡

IC 卡属于半导体卡。半导体卡片采用微电子技术进行信息的存储、处理。IC 卡根据卡中所嵌入的集成电路的功能不同，可分为接触式 IC 卡和非接触式 IC 卡两大类。

（1）接触式 IC 卡

接触式 IC 卡具有标准形状的铜皮触点，通过和卡座的触点相连后实现与外部设备的信息交换。

接触式 IC 卡又分为以下四小类：一是存储卡。具有存储记忆功能，不带加密逻辑，这类卡适用于其内部信息不用加密的应用系统；二是加密存储卡。卡中具有若干个密码口令，只有在密码输入正确后，才能对相应区域的信息内容进行读出或写入。若密码输入出错一定次数后，该卡将自动封锁，成为死卡。此类卡适用于需加密的应用系统，如食堂就餐卡；三是智能卡（smart card）。卡中还带有处理器（CPU），该类卡是一个带有操作系统的单片机系统，严格防范非法用户访问卡中的信息。发现数次非法访问后，也可锁住某个信息区域，但可以用高级命令解锁，保证卡中的信息绝对安全，系统高度可靠。此类卡应用于绝密系统中，如银行金融卡；四是超级智能卡（super card）。在智能卡的基础上装有键盘、液晶显示器和电源。此类卡也同样应用于绝密系统中。

目前，接触式 IC 卡在我们的生活中还发挥着不可替代的作用，但是在接触式 IC 卡的进一步普及过程中却存在很多障碍：接触式智能卡与卡机具间的磨损大大缩短了其使用寿命；接触不良会导致传输数据出错；大流量的场所由于存在插拔卡的过程而造成长时间的等待。

为了解决这些问题，人们将射频技术与 IC 卡技术结合，产生了非接触式 IC 卡。

（2）非接触式 IC 卡

非接触式 IC 卡与读写设备无电路接触，由非接触式的读写技术，如光或无线电技术进行读写。

非接触式 IC 卡又称射频卡，由 IC 芯片、感应天线组成，封装在一个标准的 PVC 卡片内，芯片及天线无任何外露部分。非接触式 IC 卡是最近几年产生的，它成功地将射频识别技术和 IC 卡技术结合起来，结束了无源（卡中无电源）和非接触这一难题，是电子器件领域的一大突破。卡片在一定距离范围靠近读写器表面，通过无线电波的传递来完成数据的读写操作。

第3章 载　　体

非接触性 IC 卡本身是无源卡,当读写器对卡进行读写操作时,读写器发出的信号由两部分叠加组成:一部分是电源信号,该信号由卡接收后,与本身的 L/C 产生一个瞬间能量来供给芯片工作。另一部分则是指令和数据信号,指挥芯片完成数据的读取、修改、储存等,并返回信号给读写器,完成一次读写操作。读写器则一般由单片机、专用智能模块和天线组成,并配有与 PC 的通讯接口,包括打印接口、I/O 接口等,以便应用于不同的领域。

非接触性智能卡内部分为系统区(CDF)和用户区(ADF)两部分。系统区由卡片制造商和系统开发商及发卡机构使用。用户区用于存放持卡人的有关数据信息。

与接触式 IC 卡相比较,非接触式 IC 卡具有以下优点:

可靠性高。非接触式 IC 卡与读写器之间无机械接触,避免了由于接触读写而产生的各种故障。例如,由于粗暴插卡、卡外物插入、灰尘或油污导致接触不良造成的故障。此外,非接触式卡表面无裸露芯片,无需担心芯片脱落、静电击穿、弯曲损坏等问题,既便于卡片印刷,又提高了卡片的使用可靠性。

操作方便。由于非接触通讯的使用,所以不必插、拔卡,非常方便用户使用。非接触式卡使用时没有方向性,卡片可以在任意方向通过读写器表面并完成操作,这大大提高了每次使用的速度。

防冲突。接触式卡中有防冲突机制,能防止卡片之间出现数据干扰。因此,读写器可以同时处理多张非接触式 IC 卡。这既提高了应用的并行性,又无形中提高了系统的工作速度。

加密性能好。非接触式卡的序列号是惟一的,制造厂家在产品出厂前已将此序列号固化,不可再更改。非接触式卡与读写器之间采用双向验证机制,即读写器验证 IC 卡的合法性,同时 IC 卡也验证读写器的合法性。

非接触式 IC 卡尽管有很多优点,但在实际应用中又受制于很多现实条件。首先,在射频干扰严重的场合,它的应用受限;其次,由于通过耦合传递能量,所以对功耗要求严格;再者,由于现在很多行业,如金融、通讯等,已经存在大量的接触式卡应用的技术和基础设施,他们还将继续使用接触式 IC 卡。

2) 串行 IC 卡和并行 IC 卡

按照数据交换格式,IC 卡可分为串行 IC 卡和并行 IC 卡。串行 IC 卡和外界进行数据交换时,数据流按照串行方式输入输出。当前应用中,大多数 IC 卡都属于串行 IC 卡类。串行 IC 卡接口简单,使用方便,国际标准化组织专门为之开发了相关标准。

并行 IC 卡与串行 IC 卡相反，并行 IC 卡的数据交换以并行方式进行，由此可以带来两方面的好处，一是数据交换速度提高，二是在现有的技术条件下存储容量可以显著增加。目前，由于并行 IC 卡没有相应的国际标准，大规模应用方面还存在一些问题。

3.3.3 双界面卡

严格地讲，双界面卡不是一种特别准确的说法，更为准确的应该叫双接口卡（dual interface card）。实际上，它在一张卡片上同时提供了两种与外界接口的方式：接触式和非接触式。因为双界面卡集合了接触式 IC 卡与非接触式 IC 卡的优点，它是一种多功能卡。它的外形与接触式 IC 卡相像，表面符合国际标准的金属触点，内部结构则与非接触式 IC 卡相似，有天线和芯片的模块。

1. 双界面卡的结构

在双界面卡的具体实现上，有以下三种结构类型。

（1）把接触式 IC 卡的芯片和非接触式逻辑加密的芯片加上天线封装在一张卡中，构成一张双界面卡。接触式和非接触式系统的运行分别由两个独立的芯片控制，卡内有两个独立的 EEPROM 存储器，两套系统互相独立，这实际上是将两块芯片封装在一张卡上（见图 3-5）。

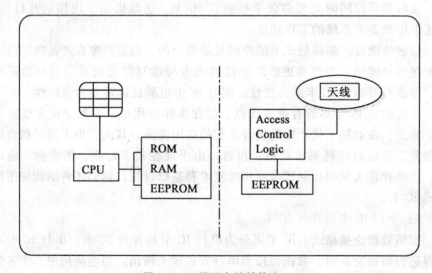

图 3-5 双界面卡的结构之一

(2) 由一个芯片和天线构成,它具有非接触式逻辑加密卡的功能和接触式 IC 卡的功能,两个系统共用 EEPROM 存储器(见图 3-6)。

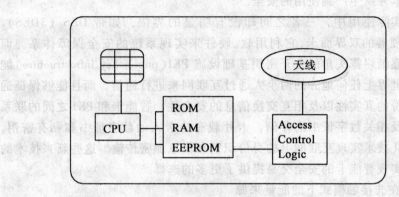

图 3-6　双界面卡的结构之二

(3) 由一个芯片和天线构成,共用芯片内的 EEPROM 存储器、微处理器、ROM、RAM 等资源,控制接触式与非接触式系统的运行(见图 3-7)。

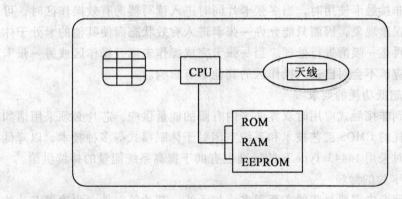

图 3-7　双界面卡结构之三

三种双界面卡中,只有最后一种才称得上是真正意义的双界面卡,也是集成电路设计公司将来开发的重点所在。由此可知,双界面卡的一般结构包括 CPU 内核、ROM、RAM、EEPROM、安全控制模块、加密(DES、3DES、RSA 算法)协处理器等部分。其技术难点有以下几点。

(1) 系统的安全问题

双界面卡的安全由三个不同层次的安全保障环节组成:一是芯片的物理

安全技术，如防非法读写、防软件跟踪等；二是卡片制造的安全技术；三是卡的通信安全技术，如加密算法等。这三个方面共同形成双界面卡的安全体系，保证卡片从生产到使用的安全。

但在实际使用中，三者之间却没有明显的界限，如带 DES（3DES）、RSA 协处理器的双界面卡，它利用软、硬件来实现系统的安全保障体系。而现在正在逐渐崭露头角的公开密钥基础设施 PKI(public key infrastructure) 能够使位于世界上任何地方的两个人通过互联网来进行通信，而且能够保证通信双方身份的真实性以及相互交换信息的安全性。智能卡和 PKI 之间的联系在于密钥及相关数字证书的存储，卡片载有持卡人的数字证书和私有密钥，可通过 PKI 技术实现互联网上的身份识别和信息加密传输。这些新兴技术的出现对于实现智能卡的安全交易提供了更多的选择。

（2）在非接触模式下的能量来源

由于双界面卡的内部不带电池，需要由读写设备通过电磁耦合的方式向芯片供电，经过卡内的稳压电路产生芯片工作所需的直流电压，因而卡内的天线需要特殊设计，以便在交易进行过程中能为卡提供稳定可靠的能量。

（3）抗冲突功能

作为非接触卡使用时，当多张卡片同时进入读写器的有效操作区时，可能会出现误读现象，因而只能允许一张卡进入有效状态而使其他的卡处于休眠状态，再逐一唤醒进行处理。当一张卡完成操作未离开操作区或另一张卡进入时，应该不会对已进入操作区的其他卡有影响。

（4）超低功耗的要求

考虑到非接触式应用时双界面卡内有限的能量供应，芯片必须采用诸如低压、低耗的 CMOS 工艺技术和系统空闲处于休眠模式等多种技术，以降低功耗，同时采用 14443 Type B 的标准也有助于提高系统能量的持续供给。

（5）卡片的封装

双界面卡中需要封装的东西很多，如天线、芯片等部件，为确保卡片的大小、厚度、柔韧性和可靠性，需要采用独特的封装技术。这对我们的工艺水平也是一个大的挑战。

2. 双界面卡的应用

双界面卡综合了接触式 IC 卡和非接触式 IC 卡的优点，具有广泛的适用性，可满足城市一卡通用、一卡多用的需要，几乎可以应用在各种场合。而最重要的是，对于原来已经使用非接触式或接触式卡系统的用户，不需要更换系统和机具等硬件设备，只需在软件上做修改就可以升级使用双界面卡。

双界面卡典型的应用有以下几个方面：

（1）在公共交通系统，如公共汽车、市内轨道交通、出租车、轮渡等的管理或升级原来在这些领域使用的非接触式卡，使它们可以与银行等部门直接结算。

（2）在城市生活公用收费领域，如电话、电表、煤气表、水表等，使它们实现远程交费，或通过银行结算。

（3）在公用收费系统，如高速公路、路桥收费、码头、港口停泊、停车收费、娱乐场所等的刷卡系统，实现不停车收费等更便捷的收费方式。

（4）在金融、证券等的交易领域，如银行、邮政、电信、证券交易、商场消费等。

（5）在一些出入口管理系统，如上岗管理、考勤管理、门禁管理等。

（6）在加密认证的一些领域，如移动电话 SIM 卡、电子商务交易安全认证卡、电子资金转账卡、软件加密卡、防伪卡、防盗卡等。

"一卡多用"是 IC 卡应用所追求的目标，所以为发挥接触式 IC 卡和非接触式 IC 卡的优势，既支持接触式通讯、又支持非接触式通讯的双界面卡必将成为当前和以后 IC 卡市场的热点。

具体到国内市场，随着信息技术的发展和全社会信息化程度的提高，IC 卡在电子支付、信息安全、行业管理和应用、电子商务等方面都具有广阔的应用前景。今后，在国内"金卡工程"的带动下，政府部门在 IC 卡行业应用领域的作用日渐显著。"行业联合，一卡多用"将是我国 IC 卡发展的重要方向，对加快我国国民经济信息化进程、提高各行业自动化与科学化管理水平、改善人们的工作及生活环境、增强我国经济实力都具有十分重要的意义，而这些有巨大潜力的领域几乎都会使用或升级到双界面卡，所以其市场前景不可限量。

第4章 物品分类与编码基础理论

条码识别、射频识别等自动识别技术可以帮助人们实现方便、快速的数据自动化采集,并将所采集到的数据输入计算机进行下一步的管理和应用。为了实现这个目的,需要对管理范围内的物品进行编码,从而达到分类、标识该物品的目的。对物品编码以后,通过物品编码这个关键字,物品的相关信息就能在各类数据载体上进行存储和自动识别。

为了更好地理解物品编码的内涵,本章将对物品分类与编码的有关基础理论进行介绍。

4.1 集合

4.1.1 集合的概念

集合是集合论的研究对象。集合论是研究集合一般性质的数学分支,是由康托尔(Cantor,1845～1918年)创建的。集合论的特点是研究对象的广泛性,它也是计算机科学与工程的基础理论和表达工具。集合是数学中也是集合论中最基本的概念。在现代数学中,每个对象(如数、函数等)本质上都是集合,都可以用某种集合来定义。数学的各个分支本质上都是在研究某一种对象集合的性质。

既然是最基本的概念,它就不那么好定义,一般只是说明和描述,正如数学中的"点"一样。要说明什么是集合,有多种描述方法,如"所要讨论的一类对象的整体"、"具有同一性质的事物的整体"等。康托尔这样描述集合:所谓集合,是指我们无意中或思想中将一些确定的、彼此完全不同的客体的总和而考虑为一个整体。这些客体就是该集合的元素。

集合中的元素可以是看得见、摸得着的自然事物,如全体中国人、一架飞机或是一辆汽车的所有零件、一群羊;也可以是抽象的事物,如所有的自然数、一些点、一些图形、一些数、一些整式等。集合中的元素具有确定性、无序性和互异性的特点。确定性是指任何一个对象要么属于（是）这个集合的元素，要么不属于这个集合，两者必具其一，不能模棱两可；无序性是指集合与其中元素的排列顺序无关；互异性是指集合中的元素应互不相同。

集合按照其中所含有的元素的多少，可分为有限集、无限集和空集。有限集含有有限个元素，可以用列举的方法描述该集合中的所有元素，如由有限个自然数构成的集合 {1，2，3，4，5}；无限集含有无限个元素，用列举法描述无限集时，对集合中的元素不能一一列举，可用省略号表示，如全体自然数的集合 {0，1，2，3，4，5，…}；空集是不含任何元素的集合，记作∅。

另外，也可给出集合所满足的条件来描述集合，这种方法称为描述法，即在一个大括号中给出集合中的元素所满足的条件，如 {a | P (a)}，即当且仅当 a 满足条件 P (a) 时，a 是集合的元素。条件 P 不一定是数学公式，也可以用自然语言来表示，如 A = {a | a 是小于或等于 100 的自然数}。

集合还能用图形表示法来形象地表示，即 Venn 图表示法。

4.1.2 集合的包含关系

集合与集合间的基本关系有包含和相等，其中相等可认为是一种特殊的包含关系。因此，集合间最基本的关系当属包含关系。

在数学中，集合间的包含关系规定如下：一般地，对于两个集合 A 与 B，如果集合 A 中的任何一个元素都是集合 B 中的元素，即若 $a \in A$，则 $a \in B$，我们说集合 A 包含于集合 B，或集合 B 包含集合 A。这时，我们也说集合 A 是集合 B 的子集，记作 $A \subseteq B$（或 $B \supseteq A$），读作 A 包含于（is contained in）B，或 B 包含（contains）A。

用 Venn 图表示，两个集合间的包含关系，如图 4-1 所示。

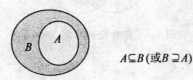

$A \subseteq B$（或 $B \supseteq A$）

图 4-1 集合与集合间的包含关系

集合与集合之间的相等关系定义如下:

$A \subseteq B$ 且 $B \subseteq A$,则 $A = B$ 中的元素是一样的,因此 $A = B$,即 $A = B \Leftrightarrow \begin{cases} A \subseteq B \\ B \subseteq A \end{cases}$

4.1.3 集合的运算

集合的运算是由已知集合构造新集合的一种方法。

集合的基本运算有集合的并、交、补。在数学中,其定义分别如下(设 A、B 为两个集合)。

1. 集合的并

两个集合求并集,结果还是一个集合,是由集合 A 与 B 的所有元素组成的集合(重复元素只看成一个元素),即 $A \cup B = \{x \mid x \in A \text{ 或 } x \in B\}$。用 Venn 图表示,如图 4-2 所示(画斜线部分表示并集)。

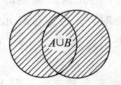

图 4-2 集合并运算的 Venn 图

2. 集合的交

两个集合进行交运算后,形成的新集合为由属于集合 A 且属于集合 B 的元素所组成,也就是 $A \cap B = \{x \mid x \in A \text{ 且 } x \in B\}$。用 Venn 图表示,如图 4-3 所示(画斜线部分表示交集)。当两个集合没有公共元素时,两个集合的交集是空集。如果集合 A 和集合 B 有 $A \cap B = \varnothing$,则称集合 A 和集合 B 不相交。

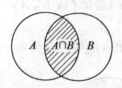

图 4-3 集合交运算的 Venn 图

3. 集合的补

由所有属于 A 但不属于 B 的元素组成的集合,称为 A 和 B 的相对补集或差集。两个集合 A、B,若集合 C 的所有元素属于 A 但不属于 B,C 就叫作 A 与 B 的差集,记作 $A-B$。见图 4-4。

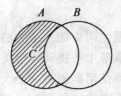

图 4-4 集合补运算的 Venn 图

另外,一个集合还有绝对补集的概念。定义如下:一般地,如果一个集合含有我们所研究问题中所涉及的所有元素,那么就称这个集合为全集,通常记作 U。补集是相对全集来讲的,对于全集 U 的一个子集 A,由全集 U 中所有不属于集合 A 的所有元素组成的集合称为集合 A 相对于全集 U 的补集(complementary set),简称为集合 A 的补集。

对集合的三种基本运算,举例如下。设集合 $A = \{a, b, c, d, e, f, g\}$,$B = \{d, e, f, g, h, i, j\}$,则
$A \cap B = \{d, e, f, g\}$
$A \cup B = \{a, b, c, d, e, f, g, h, i, j\}$
$A - B = \{a, b, c\}$

4.1.4 集合在物品分类与编码中的应用

对物品进行分类与编码,没有必要进行复杂的集合运算。但建立集合的概念却十分必要,搞清楚有关集合的一些含义,这对于理解物品分类、编码的本质大有益处。

集合是数学理论的基础,集合的概念在物品分类与编码中也有相应的应用。

(1)集合可以定义为具有某一特征的事物的整体。物品进行分类与编码时,也要有一定的依据,这与集合的概念在一定程度上是相似的。

形成集合的依据是事物的"特征"或者称为事物的"共同属性"。集合的"共同属性"可以是物体的名称,也可以是物体的某一特性,如颜色、形状、大小、功能、用途等,它既是一个集合的标志,又是组成一个集合的依据。

而物品分类时也要按照一定的依据，如物品的原料、功能、用途等。在物品进行分类后，应按照物品的归属来决定物品编码的方法，以符合物品的实际情况和应用需求。无论是集合还是物品的分类与编码，归根到底都是为了便于认识和管理物品。

物品分类的实质是把问题空间中的一个大的物品信息集合划分成一个个小的物品的集合。在后面的章节中将提到线分类和面分类，就应用了集合的一些概念。线分类依据一些特征明确地把一个大的事物对象集合划分成一些子集合。在线分类中，依据的事物特征不同，划分方法与划分结果也不同。面分类方法的实质是，用两种或多种方法对事物进行线分类，从每种分类中挑出一个子集，面分类的结果是几个子集合的交集。

（2）集合中的元素所具有的确定性、互异性和无序性也对物品分类与编码有一定的意义。

物品按其某一特征进行分类与编码，要么属于这一类，要么不属于这一类；某类别的物品各不相同，且无顺序上的差别；物品分类后，进行的编码方法也不一样，不同的物品类别对应某一确定的编码方法，各种编码方法互不相同，不同的编码方法没有主次之分，即无序性，都有其各自的重要作用。

（3）在集合的关系中，最重要的是包含关系，即每一个集合都有其相应的子集。这个概念在物品分类与编码中也得到了应用。

一个数据对象 A 可以是一个集合，是由小的数据对象集合而成，这些小的数据对象是这个集合的元素，但同时，数据对象 A 又可以是另一个大的数据对象的元素。

物品进行分类时，首先将物品分成各个大类，为了进一步管理的方便，又将各个大类划分为子类，子类再继续进行划分，直至将定位到某一个具体的物品为止。

（4）不同的集合也会有重叠的部分，即交集。在物品分类与编码中，各种方法也不是孤立的。

在物品分类方法中，根据实际的需要，可以采用一种方法为主、另一种方法为辅的策略。对于物品编码，可以将多种编码方法组合在一起，形成复合码，以将更多的物品信息包含到物品编码中来。

（5）集合间的关系还有一种是补或差的关系。这对于物品分类与编码来说，也具有一定的意义。

每一种物品分类与编码方法都有其一定的适用范围和应用领域，都有其不适用的领域或应用。这就需要另外的物品分类与编码方法及时地补充进来，以完善整个物品分类与编码体系。另外，为了保证代码有足够的容量，物品编码都有一定的冗余性，以适应产品频繁的更新换代的需要。

集合的概念非常重要，应充分理解集合的概念所带来的启示，以更好地进行物品分类与编码。

4.2 事物特征与物品分类

4.2.1 基本概念

1. 事物与事物特征

事物泛指一切可能的研究对象，包括外部世界的物质客体，也包括主观世界的精神现象。

特征是指可以作为事物特点的象征、标志。事物特征是人们认识事物的基础，包括事物属性、特征和行为方式等。麻雀见到人靠近就飞走，见到谷粒就吃，靠的就是事物的特征。虽然麻雀没有思维，但区别事物是下意识的。儿童在认字之前，就知道苹果与汽车玩具的不同，能说出二者之间的特征区别。

人与动物的区别在于人对事物特征的认识能力远比动物要强得多。人类能够用语言文字描述事物的特征，并把它作为知识来交流与传播，能够通过思维形象地描述事物。蜜蜂筑巢的本领令建筑师感到羞愧，但是最不高明的建筑师也能在建房子之前在头脑中勾画出房子的形状，总结出房子的特征。

人们对事物特征的认识不只限于通过感官。通过科学仪器或科学实验，人类能探索出事物的本质特征。见到一块大石头，不但能说出它的外部特征，还能分析出它的物质成分，是由什么物质构成的，其基本的分子和原子是什么。

对事物特征由浅到深的认识增强了人类认识自然、改造自然的能力，新材料、新产品不断推陈出新，新技术、新工具、新方法不断涌现，物质生活才变得丰富多彩。

2. 分类

信息分类是把大的信息集合分成小的信息集合，是根据事物的特征将信息按照一定的原则和方法进行区分和归类，并建立起一定的分类系统和排列顺序，以便管理和使用。划分的结果称为分类项或类目。

信息并不是随意划分的,要依靠信息的主题内容及其特征来划分。类目之间的差别不仅在于名称,更重要的是名称后面所蕴涵的事物特征。例如,把零件分为金属零件与非金属零件,其二者在材料上有明显的区别,由此所表现出来的性能、功能等特征也不相同。分类的本质如图4-5所示。

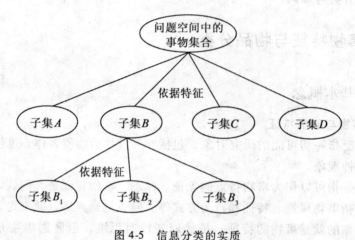

图 4-5 信息分类的实质

分类还把划分的结果进行排序。例如,将经济部门按照其作用和工作对象,分为农业、工业、交通运输、邮政、电信、商业、金融、服务旅游等基本门类,并按照一定的顺序加以排序,同时还可以按其特点,对这些门类进行进一步的区分和排列。

在现实生活中,通过分类对事物或概念进行科学的管理是人们的基本常识。对事物进行分类管理的结果为人们带来了许多方便,提高了工作效率和质量。

4.2.2 事物特征与物品分类的关系

1. 事物特征是物品分类的依据

世界上的万物都有其存在的意义,每一事物都有其自身的特征。事物没有特征,就没有区别,也就不能说是万事万物。具有不同特征的事物构成一个个不同却又相互联系的集合。

分类把某些特征相似的事物归类到一起,运用分类的方法可以发现物质及其变化的规律。依照事物特有的属性进行分类,就可以把杂乱无章的事物有序化。分类是一种极有用的数据管理方法,分类的对象越多,能分类的阶层就越复杂。

分类有两个要素：一是分类对象，二是分类依据。分类对象由若干个被分类的实体组成。分类依据取决于分类对象的属性或特征。事物属性的相同或相异形成了各种不同的类。

物品分类时，要根据物品的一个特征来进行，将具有这种特征和不具有这种特征的物品分成两类，称为二分法；在电脑中采用的分类方法称为树形分类法。

随着科学技术的进步和我国社会主义市场经济的不断完善和发展，物品分类将发挥着越来越大的作用：

（1）物品分类是国民经济各部门和企业从事各项管理工作的前提和基础。

（2）物品分类是保证物品及其管理活动实现标准化的需要。

（3）物品分类便于消费者和用户选购物品。

物品分类要根据一定的目的和需要选择适当的分类依据，将所属范围内的物品集合科学地、系统地逐级划分为若干范围更小、特征更趋一致的子集合（如大类、品类、品种、细目或大类、中类、小类、细类或类、章、组、分组等），乃至最小的应用单元。

物品分类依据是编制物品分类体系和分类目录的基准和重要依据。进行物品分类可供选择的依据很多，分类依据的选择应遵循以下基本原则。

（1）目的性

分类依据的选择必须确保分类体系能满足分类的目的和要求，否则便没有实用价值。

（2）明确性

分类依据本身的含义要明确，要找出具体、明确、可观察到的特征或特性，要选择重要而常见的特征作为分类的基准，要能从本质上反映出每类物品的属性特征，保证分类清楚。

（3）包容性

分类依据的选择要使该分类体系能够包容拟分类的全部物品，要能涵盖所有被分类对象的事物的特征或特性，同时还留有补充不断出现的新产品的余地。

（4）惟一性

在同一层级范围内只能采用一种分类依据，不能同时采用几种分类依据；分类后，要保证每个物品只能出现在一个类别里，不得在分类中重复出现。

(5) 逻辑性

分类依据的选择必须使物品分类体系中的下一层级分类依据成为上一层级分类依据的合乎逻辑的继续和具体的自然延伸。

在物品分类的实际工作中，要做到完全符合上述原则是非常困难的。因此，我们要进行深入细致的研究，运用科学的理论和方法，参照国际上先进的分类方法，尽可能做到原则要求和实际情况相结合，实现物品分类的科学化、系统化。

下面以常用的商品分类为例，说明上述物品分类依据的原则。

由于商品本身的多样性、复杂性，商品分类可供选择的分类依据也是多种多样的。在我国商业经营中，常用的分类依据主要有以下几种。

(1) 以商品的用途作为分类依据

商品的用途不同，其使用价值也不同。以商品的用途作为分类依据，能直接表明各类商品的用途，可与消费者的需求对口，方便消费者选购。因此，许多商品都较普遍地采用这种分类依据进行分类。

以商品用途作为分类依据，不仅适用于对商品大类的划分，也适用于对商品类别、品种的进一步划分。例如，根据用途的不同，可将商品分为生活资料商品和生产资料商品，生活资料商品可划分成食品、衣着用品、日用工业品、日用杂品等类别；日用工业品又可分为器皿类、日用化学品类、家用电器类、文化办公用品类等；日用化学品还可分为洗涤用品、化妆品等。

以商品用途作为分类依据，便于分析和比较同一用途商品的质量和性能，从而有利于生产企业改进和提高商品质量，开发商品新品种，扩大品种规格，生产适销对路的商品，也便于商业企业的经营管理。但对多用途的商品，一般不宜采用此分类依据，否则会导致分类体系混乱。

(2) 以构成商品的原材料作为分类依据

商品的原材料是决定商品质量的重要因素。很多商品由于原材料不同，商品具有截然不同的性能特征。例如，按商品的原材料不同，纺织品可分为棉织品、麻织品、丝织品、毛织品、化纤织品、混纺织品；油脂可分为植物油、动物油、矿物油；革类可分为牛皮革、猪皮革、羊皮革、马皮革、合成革等。

以商品的原材料为标志进行分类，不仅分类清楚，而且能从原材料的性质上找出商品的特征以及原材料对商品质量的影响，特别是便于了解商品的化学成分、性能特点、使用和养护要求。但对那些由多种原料制成的商品，尤其是加工程度较高的商品，其加工程度越高，就越脱离单一原料的关系，如电视机、照相机、电冰箱、洗衣机等，则不宜采用。

(3) 以商品的生产加工方法作为分类依据

生产加工方法是保证商品质量的关键。许多商品即使选用完全相同的原材料，由于生产加工方法不同，制成的产品也可能具有不同的风格和特点，甚至构成截然不同的商品。例如，茶叶按制造方法的不同，分为全发酵茶、半发酵茶、后发酵茶和不发酵茶等；酒类商品按酿造方法的不同，分成蒸馏酒、发酵酒和配制酒等；纺织品按生产工艺的不同，分成机织品、针织品和无纺布等。

这种分类依据能够直接说明商品质量的特征，特别适用于那些可以选用多种生产加工方法制造的商品。对于那些虽然生产方法有差异，但产品质量特性没有实质性区别的商品，不宜采用。

(4) 以商品的主要成分或特殊成分作为分类依据

大多数商品的成分是由许多成分混合组成的，而且这些成分的含量也不是均匀一致的，其作用也不相同。一般商品都分主要成分和辅助成分。在绝大多数情况下，商品的主要成分是决定其性能质量、用途和贮运条件的重要因素。如塑料制品按其主要成分合成树脂的种类，可分为聚乙烯制品、聚氯乙烯制品、聚丙烯制品、聚苯乙烯制品及有机玻璃制品、酚醛塑料制品、脲醛塑料制品等。

还有些商品，其主要成分虽然相同，但由于含有少许的特殊成分，可构成质量、性能、色彩甚至用途完全不同的商品。因而这些商品的成分不论含量多少都可以作为分类的标志。例如，化妆品中的各种营养霜，虽主要成分相同，但含有不同的营养成分（即特殊成分），按其营养成分不同，可区分为珍珠霜、人参霜、胎盘膏等。

以商品的主要成分或特殊成分为标志进行分类，便于研究某类商品的特性及贮存、使用、养护方法等。这种分类依据适用于主要化学成分或特殊成分对商品性能影响较大的商品。但对于那些复合成分的商品或成分区别不明显的商品，一般不宜采用此种分类依据。

除上述分类依据外，还可根据商品的形状、结构、重量、特性、花型、色彩、产地、品种、收获季节、流通范围等作为商品的分类依据。这些标志概念清楚，特征具体，容易区分。因此，常用于对具体品种的进一步分类。

2. 分类是描述事物特征的方法

分类是人类分析、总结事物的相似性与特殊性的方法。不加区别地去看待世间万物，世界一片混沌，就谈不上"认识"二字。分类是人类认识事物的重要途径，分类的过程也是认识事物的过程。

分类结果不单单是一张分类表，更多的是关于分类表中各项类目的特征。分类表是与相关科学和专业技术紧密联系在一起的。

分类依据的是事物的特征，反过来，事物的特征可以通过分类来描述，事物的特征可以用度量、语言形容等方式表示。桌子可以用其长、宽、高来表示；如果没有"内向"、"外向"的分类或者说这两个词，描述一个人在性格方面的特点就比较麻烦：说一个不爱说话、不爱见人、不爱在公开的场合表现自己等，描述了很多，总感觉不足以说明这个人"内向"这个词所指的特点。没有"男"和"女"的分类，描述性别特征就很麻烦、别扭。如果一个动物属于"偶蹄目"，即使没有通过这个动物，我们也能知道它所具有的特征。

我们把通过分类来描述的特征称为分类特征。分类是基于特征的，当然可以基于分类特征，所以，一种新的分类可以建立在其他的分类上。例如，

Part1 = {

    内径 = 10 cm；

    外径 = 13 cm；

    外廓长度 = 20 cm；

    材料 = 金属铁；

    ……

    成组码（类型码）= 24734；

}

上述例子是按照零件的设计、生产、原材料方面的特征把零件分成一个个的零件簇，便于进行成组工艺和生产管理，便于进行产品设计生产技术的再用。上述分类利用了零件的材料类型。

4.3 信息分类与编码的基本原则和方法

物品分类与编码的结果总是以特定代码的形式表示出来的，是对物品相关信息分类的代码化表示，这就涉及到如何对信息进行分类与编码。从广义上讲，物品分类与编码就是信息分类与编码的一个具体应用领域。

4.3.1 概念

信息技术推动了人类社会从工业社会到信息社会的过渡。信息资源的开发、信息的生产处理和分配，已经成为当今世界经济增长最快的产业之一。而信息技术标准化，尤其是作为信息处理基础的信息分类与编码标准化工作，越来越受到人们的重视。

美国从 1945 年起就开始研究标准信息分类与编码问题，1952 年起正式着手物资编码标准化工作，经过 6 年的时间完成了国家物资分类与编码。我国从 1979 年起着手制定有关标准，到现在已经发布了几十个信息分类与编码标准，特别是干部、人事管理信息系统指标体系分类与代码，基本做到了数据元与分类代码齐备，构筑了一个较为完整的代码体系。

所谓信息分类与编码，就是对大量的信息进行合理分类，然后用代码加以表示。将信息分类与编码以标准的形式发布，就构成了标准信息分类与编码。人们通常借助代码进行手工方式或计算机方式的信息检索和查询，特别是在用计算机方式进行信息处理时，标准信息分类与编码显得尤为重要。统一的信息分类与编码是信息系统正常运转的前提。

1）信息分类

信息是指具有一定含义的事物或概念。信息分类是根据信息内容的属性或特征，将信息按一定的原则和方法进行区分和归类，并建立起一定的分类体系和排列顺序。

信息分类有两个要素：一是分类对象，二是分类依据。分类对象由若干个被分类的实体组成。分类依据取决于分类对象的属性或特征。

信息内容的属性的相同或相异形成了各种不同的类。

2）信息编码

编码是将事物或概念赋予一定规律性的易于人或计算机识别和处理的符号、图形、颜色、缩减的文字等，是人们统一认识、统一观点、交换信息的一种技术手段。代码元素集合中的代码元素就是赋予编码对象的符号，即编码对象的代码值。

编码的目的在于提高信息处理的效率。信息编码必须标准化、系统化。设计合理的编码系统是关系信息管理系统生命力的重要因素。信息编码的基本原则是在逻辑上既要满足使用者的要求，又要适合处理的需要；结构易于理解和掌握；要有广泛的适用性，易于扩充。

所有类型的信息都能够进行编码，如关于产品、人、国家、货币、程序、文件、部件的代码值。信息编码包含的内容有数据表达成代码的方法、数据的代码表示形式、代码元素集合的赋值。

信息编码的主要作用有标识、分类、参照。标识的目的是要把编码对象彼此区分开，在编码对象的集合范围内，编码对象的代码值是其惟一的标志；信息编码的分类作用实质上是对分类进行标识；信息编码的参照作用体现在：编码对象的代码值是不同应用系统或应用领域之间发生关联的关键字。

4.3.2 基本原则

1. 信息分类的基本原则

在进行信息分类时，应遵循以下原则。

1）科学性

科学性是指在进行信息分类时，应选择事物或概念（即分类对象）最稳定的本质属性或特征作为分类的基础和依据。

事物之间在一些特征上的相同或相似性是把它们归为一类的依据，在一些特征上的差异性是把它们分开的依据。特征分为本质特征和非本质特征，也分为稳定特征和不断变化的特征。分类工作一旦完成，分类结果往往以标准的形式固定下来，作为各方信息交流的基础，包括计算机信息系统之间的信息交换。所以为了保证分类结果的科学性、持久性，不能把非本质的和不稳定的特征作为分类的依据。

为了便于信息的正常流畅的交换，信息分类坚持以科学分类为基础，做到统筹安排、全盘考虑，协调各业务部门、各分系统的要求，最终达到分类方法统一的目的。

要使物品分类具有科学性，在建立分类体系前，必须明确目标，确定范围，统一名称，选准标志。

首先，不同部门、行业、企业对物品进行分类的目的、要求不同，结果使物品分类体系多种多样。因此，每个分类体系必须首先明确服务目的，才能保证科学实用。

其次，不同部门、行业、企业所涉及的物品种类范围并不相同，所以物品分类的对象也不会相同。这就要求在分类前，管理者必须根据具体情况确定拟分类的物品集合总体的范围，否则，该分类体系也不会科学适用。

再次，作为分类对象的物品的名称必须科学、准确、统一，力求简单明了、概括性强，真正反映其有别于其他物品的本质属性，还要防止其名称概念不清或一词多义，或一种物品有多种名称，避免区分的困难和混乱，否则也无法保证该分类体系的科学性。

最后，在物品分类前，选择合理的分类依据更为重要。物品具有多种本质的和非本质的属性特征，如物品的原材料、加工方法、主要成分、用途、尺寸、重量、体积、式样、颜色等属性特征是本质的、稳定不变的，而物品所属的企业、上级主管部门若作为分类特征，则是非本质的、可能发生变化的。因此，要保证物品分类的惟一性和稳定性，必须选择物品的稳定的本质属性特征作为分类依据，这样才能明显地把分类对象区分开，保证分类清晰和体系稳定。

2）系统性

系统性是指将选定的事物、概念的属性或特征按一定的排列顺序予以系统化，并形成一个科学合理的分类体系。分类要从系统工程的角度出发，把局部问题放在系统整体中处理，达到系统最优，即满足系统总体任务。

在进行分类时，必须以分类对象的稳定本质属性特征作为分类依据，将分类对象按一定的顺序排列，使每个分类对象在该序列中都占有一个位置，并反映出它们彼此之间既有联系又有区别的关系。

3）可扩展性

可扩展性是指分类应满足事物不断发展变化的需要。分类时，通常要设置收容类目，以保证增加新的事物或概念的进修，不打乱已建立的分类体系，同时，还应为下级信息管理系统在本分类体系的基础上进行延拓细化创造条件。

4）兼容性

兼容性是指在分类方法和分类项的设置上，应尽量与有关的标准（包括国际标准）协调一致，至少能够做到信息系统之间可以进行数据交换。

随着国际、国内各种分类体系的建立，分类原则及类目设置必须实现标准化，这样才有可能经过技术处理后，满足各个分类体系之间的信息交换，即相互兼容的要求。

5）综合实用性

综合实用性是指综合实用价值。综合实用性是以科学性、系统性、兼容性和可扩展性为基础的，没有这些基础，就谈不上综合实用性。

在科学性、系统性、兼容性和可扩展性基础上的综合实用性是指事物分类的应用范围不局限于个别学科、专业、行业或某个区域，而是在更大范围内具有更广泛的适用性；事物分类在实际应用中，对识别、选择事物应具有简明、准确的有效性。

2. 信息编码的基本原则

1）惟一性

编码必须惟一表示它所表示的对象或对象集合。也就是说，每一个编码对象（物品）只能有一个代码，每一个代码只能标识同一物品。

2）合理性

代码结构应与分类体系相适应。

3）可扩展性

代码应留有适当的后备容量，以便适应不断扩充的需要。当需要增加新类目时，不需要破坏该物品的编码结构再重新编码。

4）简明性

代码结构应尽量简单，长度尽量短，以便节省机器的存储空间和减少代码的差错率。

5）适用性

代码应尽可能反映编码对象的特点，适用于不同的相关性应用领域，支持系统集成。

6）规范性

在一个信息分类编码标准中，代码的类型、代码的结构以及代码的编写格式应当统一。

7）含义性

代码具有最大可能限度的含义。较多含义的代码可以反映编码对象更多的属性和特征。

8）稳定性

代码不宜频繁变动，否则将造成人力和物力的浪费。因此编码时，应考虑代码最少变化的可能性，尽可能保持代码系统的相对稳定。

9）识别性

代码尽可能反映分类编码对象的特点，以帮助记忆，并且便于企事业各类用户的了解和使用。

10）可操作性

代码应尽可能方便操作员的工作，减少机器的处理时间。

在编码基本原则中，有些原则彼此之间是有冲突的。例如，一个编码结构为了具有一定的可扩展性，就要留有足够的备用码，而留有足够的备用码，在一定程度上就要牺牲代码的简短性。代码的含义性要强，那么代码的简短性必然也要受到一定的影响。因此在设计编码过程中,必须综合考虑编码原则,使设计出来的代码能够达到最优化的效果。

4.3.3 基本方法

1. 信息分类的基本方法

信息分类的基本方法有三种:线分类法、面分类法、综合分类法。其中线分类法又称为层级分类法、体系分类法;面分类法又称为组配分类法。

1) 线分类法

线分类法是将分类对象(即被划分的事物或概念)按所选定的若干个属性或特征逐次地分成相应的若干个层级的类目,并排成一个有层次的、逐渐展开的分类体系。在这个分类体系中,被划分的类目称为上位类,划分出的类目称为下位类,由同一个类目直接划分出来的下一级的各个类目,彼此称为同位类。同位类类目之间存在着并列关系,下位类与上位类类目之间存在着隶属关系。

线分类方法是目前用得最多的一种方法,尤其是在手工处理的情况下,它几乎成了惟一的方法。线分类方法的主要出发点是:首先给定母项,下分若干子项,由对象的母项划分大集合,由大集合确定小集合,最后落实到具体对象。分类的结果造成了一层套一层的线性树状结构(见图4-6)。

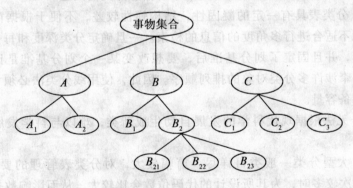

图4-6 线分类的树型表示

在线分类中,由某一上位类划分出来的下位类类目的总范围应与上位类类目相等;当某一个上位类类目划分成若干个下位类类目时,应选择一个划分基准,即惟一性;同位类类目之间不交叉、不重复,并且只对应于一个上位类。分类要依次进行，不应有空层或加层，即不交叉性。线分类划分时，一定要确保惟一性和不交叉性；否则，分类后如果出现有二义性，将会给后继工作带来诸多不便。

线分类的特点是用分类的层级数量和容量来表示的。线分类的层级数量反映了信息分类的深度，信息分类深度的确定与具体的分类对象和管理系统的具体任务有关。分类的容量反映了分类系统所包含的信息容量，与分类的深度和每一层级分类对象的最大容量有关。由于事物发展的不平衡，复杂程度彼此不一，因此在分类深度和每一层的容量上都不完全相同。在一个系统中，有的信息分两个层级就可能满足管理上的要求，而有的划分为几个下位类类目，有的则划分为十几个或几十个。因此，通常在划分分类时，线分类的层级数目和各层级的容量需要根据系统中大多数分类对象的情况来确定。

线分类法的优点是：

（1）层次性好，能较好地反映类目之间的逻辑关系。

（2）结构清晰，容易识别和记忆，容易进行有规律的查找。

（3）属于传统的习惯分类方式，使用方便，既符合手工处理信息的传统习惯，又便于计算机处理信息。

单纯的线分类法的缺点是：

（1）提示主题或事物特征的能力差，往往无法满足确切分类的需要，不能充分反映管理中大量存在的更细小的信息分类的问题。

（2）分类表具有一定的凝固性，结构弹性较差，不便于根据需要随时改变，也不适合进行多角度的信息的检索。一旦确定分类深度和每一层级的类目容量，并且固定了划分基准后，要想改变某一个划分基准是比较困难的，它将牵涉许多分类对象的排列顺序。因此，使用线分类法必须考虑到有足够的后备容量。

（3）无法根据现代科学的发展自动生成新类，难以与科学发展保持同步。

（4）大型分类一般类目详尽，篇幅较大，对分类表管理的要求较高。当分类层次较多时，为其所设计的代码位数会比较大，从而影响数据处理的效率与速度。

2）面分类法

面分类法是将所选定的分类对象的若干属性或特征视为若干个"面"，每个"面"中又可分成彼此独立的若干个类目。使用时，可根据需要将这些"面"中的类目组合在一起，形成一个复合类目。

与线分类法不同，面分类法主要从面角度来考虑分类。根据需要，选择分类对象本质的属性或特征作为分类对象的各个"面"；不同面内的类目不应相互交叉，也不能重复出现；每个"面"有严格的固定位置；"面"的选择以及位置的确定根据实际需要而定。

"面"分类的特点是由"面"及"面"内的具体类目内容表示的。"面"的选择、"面"的数量的确定以及各个"面"内的类目反映了信息的属性和特征。每一个组合类目都是某一信息的多种属性或特征的组合及具体描述。"面"分类的信息容量是和"面"的数量以及各个"面"内的具体类目数量有关的。"面"的排列顺序与信息管理的需要及要解决的问题有关。

图4-7中，两个树型图代表了两种不同的分类方法，用第一种线分类进行归类，它属于C_1；用第二种方法划分，它属于T_2，把这两种分类方法结合起来就是面分类，它属于两个分类方法的交集。

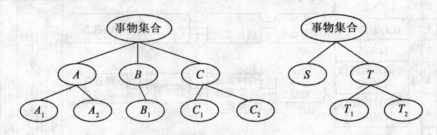

图4-7 面分类法示意图

例如，服装的分类就可采用面分类法，首先选择服装所用的材料、男女式样、服装款式作为三个"面"，每个"面"又可分成若干类目，见表4-1。使用时，将有关类目组配起来，如纯毛男式中山装、中长纤维女式西装等。

表4-1　　　　　　　　　　服装的分类

材　料	男女式样	服装款式
纯棉	男式	中山装
纯毛	女式	西装
中长纤维		猎装
…		夹克
		连衣裙

面分类法的优点是：在分类结构上具有较大的弹性；在分类体系中，任何一个"面"内类目的改变不会影响其他的"面"，而且便于添加新的"面"；面分类的适应性较强，可实现按任意"面"的信息进行检索，这对计算机处理信息有良好的适应性。

面分类法的缺点是：一是不能充分利用容量，这是因为在时间中，许多组配的类目无实际意义；二是难以手工处理信息，传统上没有应用的习惯。

3) 综合分类法

综合分类法是由事物的复杂性决定的。它将线分类法和面分类法组合起来使用，以其中一种分类法为主，另一种作补充的信息分类。

图4-8是广泛用于设计、制造及管理的奥匹兹分类编码系统。图中，A、

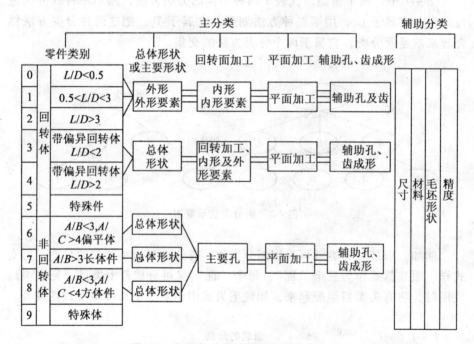

图4-8 奥匹兹分类编码系统基本结构图

B、C分别为零件的长、宽、高。从图中可以清楚地看出，奥匹兹分类编码系统的主分类选用五个面：1-零件类别，2-总体形状或主要形状，3-回转面加工，4-平面加工，5-辅助孔、齿成形。在第一个面（零件类别）中，共分成0~9十个类目，其中前六个类目为回转体，后四个类目为非回转体。图

中其他各面的每一个方框代表一个具体的分类,都分别包括若干具体的类目,在此省去。由于零件类别的复杂性,尽管奥匹兹分类编码系统的主分类是面分类体系,但是在某些面内,不是所有的类目都可以参加任意组配,而是有一定的隶属关系。如图中第二个面中的第一个方框(外形、外形要素)与第一个面中的"0"、"1"、"2"类目有隶属关系;而第二个面中的第二个方框(总体形状)却与第一个面中的"3"、"4"类目有隶属关系。这样的面分类体系已引入了线分类的原则。由此可见,奥匹兹分类编码系统采用的是混合分类编码法。

2. 信息编码的基本方法

为方便信息的存储、检索和使用,在进行信息处理时,应赋予信息元素以代码。编码的目的就在于提高信息处理的效率。

信息编码的基本原则是在逻辑上既要满足使用者的要求,又要适合处理的需要;结构易于理解和掌握;要有广泛的适用性,易于扩充。

编码方法应以预定的应用需求和编码对象的性质为基础,选择适当的代码结构。在决定代码结构的过程中,既要考虑各种代码的编码规则,又要考虑各种代码的优缺点,还要分析代码的一般性特征,选取合适的代码表现形式,研究代码设计所涉及的各种因素。

信息编码按其所用的符号类型可分为数字编码、字母编码以及数字-字母混合编码等,数字编码目前使用最为普遍。

1) 数字编码

数字编码是用一组阿拉伯数字表示的代码。其特点为结构简单,使用方便,易于推广,便于利用计算机进行处理,是目前国际上普遍采用的编码方法。

2) 字母编码

字母编码是用一个或若干个字母对物品进行编码。用字母对物品进行分类编码时,一般按字母顺序进行编制。通常用大写字母表示商品大类,用小写字母表示其他类目。如 A, B, …表示大类;a, b, c, …表示中类;α, β, γ, …表示小类等,依次类推。字母代码采用的字母种类,各国不尽相同。字母型代码便于记忆,便于识别,但不便于计算机处理。此法常用于分类对象较少的情况,在物品分类编码中很少使用。

3) 数字-字母混合编码

数字-字母混合编码是采用数字和字母混合编排来对物品进行编码。它兼有数字代码和字母代码的优点,结构严谨,具有良好的直观性和表达性,同时又有使用上的习惯。但是，此种编码方法由于代码组成形式复杂，给使用带来不便，计算机输入的效率低，错码率高。因此，在物品分类编码中很少使用。

4.4 信息分类与编码的发展趋势

随着经济全球化和信息化的发展，特别是计算机和网络技术应用的快速拓展，信息分类与编码在信息化建设中发挥着越来越重要的作用。信息分类与编码为计算机的广泛应用和信息化处理提供了基础手段，在国民经济的各行业得到了广泛应用。信息分类与编码已经成为信息化建设的基石，引起了世界各国的极大关注。

近年来，随着信息技术的飞速发展，信息分类与编码技术得到了长足的发展。其发展趋势主要体现在以下几个方面。

（1）经济全球化的发展要求全球信息互通互联，实现信息的无缝链接已成为国际社会的共识。

对于信息分类与编码的地域色彩和行业色彩这一问题，国际有识之士以及国际物品编码标准化组织都在谋求解决之道，力图通过制定通用的编码标准建立通用的编码系统来作为信息交换的平台，以消除地域色彩和行业色彩，实现信息在各个层面的无缝链接。

（2）信息分类与编码的应用向深度和广度发展。

近年来，随着计算机技术和网络技术的发展，信息分类与编码不仅在传统领域发挥着越来越重要的作用，而且在食品安全与追溯、物流供应链管理、电子商务、电子政务等一些新兴领域也得到了较为广泛的应用，并在产品生命周期的全过程管理中得到了不同程度的应用。

在我国，现代企业的分类与编码系统已由简单的结构发展成为十分复杂的系统。国家有关标准化工作管理部门十分重视制定统一编码标准的问题，并已颁布了一系列国家编码标准和行业编码标准，以有效地推动信息化建设和宏观经济管理。

信息分类与编码是对一些常用的重要数据元素进行分类和代码化，其分类与取值是否科学和合理直接关系到信息处理、检索和传递的自动化水平与效率，信息代码是否规范和标准影响和决定了信息的交流与共享等性能。

因此，信息分类与编码必须遵循科学性、系统性、可扩展性、兼容性和综合性等基本原则，从系统工程的角度出发，把局部问题放在系统整体中考虑，达到全局优化的效果，建立适合和满足本单位管理需要的信息分类与编码体系和标准。

目前，我国现有的信息编码标准化工作中存在的主要问题有以下几种。

（1）缺乏统一组织

信息分类与编码是实施信息系统的基础，而有关信息分类与编码国家级和行业级标准数量少，不能满足企事业单位的需求。所以，企业各自制定信息分类与编码标准，缺乏行业级的统一组织，结果造成人力物力的浪费，各企业信息分类与编码的方法和策略不同，并且缺少映射，导致不同分类与编码方案之间难以转换，影响了行业之间的信息交换。企业迫切希望有关标准化组织站在国家或行业的高度，根据目前的需求，集中各方面的力量，建立一个较为完善的信息分类与编码标准体系。

（2）缺乏统一规划

一个企业的生产与经营管理系统是一个由多种事物对象组成的整体，而对象之间又相互关联。信息分类与编码主要是为管理服务的，因而制定出的编码标准应当反映对象之间的联系。分类与编码方法之间以及标准制定之间应相互协调，组成一个完整的信息分类与编码的方法体系及标准体系，与生产经营管理系统相呼应。

但是，企业或行业往往根据急需分别编制信息分类与编码标准，没有考虑到标准与标准之间、方法与方法之间的协调性和参照关系，缺乏统一的设计规划，标准之间和编码方法之间缺乏相互协调性，甚至相互矛盾。

4.5 信息分类与编码标准化

4.5.1 信息分类与编码标准化的作用

国际标准化组织 ISO 对"标准化"的定义是：为了在一定范围内获得最佳秩序，为制定（有关各方）共同重复使用的规定进行的活动，其目的是在给定的范围内达到最佳有序化程度。

《标准化基本术语》GB3935 中对标准化的定义是：为在一定范围内获得最佳秩序，针对现实的或潜在的问题制定共同使用和重复使用的规则的活动，主要包括制定发布及实施标准的过程。

因此，标准化就是一项制定条款的活动，所制定的条款应具备的特点是共同使用和重复使用，条款的内容是现实问题或潜在问题，制定条款的目的是在一定范围内获得最佳秩序。这些条款将构成规范性文件,即标准化的结果是形成条款,一组相关的条款就形成规范性文件。而标准是标准化的结果。

针对具体的标准化对象,标准化的直接目的通常有适用性、相互理解、接口、互换性、兼容性、品种控制性、安全性、环保性等。

在人类的活动中,每天都有许多活动在进行,这其中有一种活动就是"标准化"活动。国际标准化组织 ISO 曾经统计过,每天有十几个 ISO 会议在各有关国家举行,这些会议大多是为制定 ISO 标准而举行的。

信息分类与编码标准化就是把信息数据分类与编码的原则、方法、结构、编码规则、分类项、分类项代码等内容制定成标准。

标准化工作在信息分类与编码工作中发挥着越来越重要的作用。信息分类与编码朝着跨行业、跨领域的方向发展,信息分类与编码的标准化在其中发挥着关键性的推动作用。信息分类与编码标准化是进行信息交换和实现物品信息资源共享的重要前提,是实现管理工作现代化的必要条件。

搞好信息分类与编码标准化,具有巨大的经济效益和社会效益。以市场为主导,引导行业、企业积极参与,共同制定和维护作为公共基础的物品分类与编码标准,已成为国际物品编码标准化发展的方向。越来越多的企业逐渐倾向于使用 ISO、GS1、ANSI 等一些国际标准化权威机构所制定的标准。相应地,具备一定实力的企业往往通过评定程序被吸纳参与国际编码标准的制定和维护。国际编码标准化组织更加注重标准的开放性和透明度,同时,企业的实际应用需求也在标准中得到了很好的体现。

进行信息分类与编码体系标准化,是从源头促进国家信息化建设工作的重要途径。"信息化"要求"数字化",即信息的分类化与编码化,物品的分类与编码是信息化的源头。信息分类与编码标准化的作用主要表现在以下几方面。

1. 信息分类与编码是信息系统建设的基础性工作

随着科学技术的发展,各种各样的信息积累越来越多。面对浩如烟海的信息,人类对它们的管理和利用感到越来越困难。为了对付"信息爆炸"的挑战,人们建立了各种信息系统来管理和利用信息。

信息系统建设的基础性工作之一就是信息的分类与编码。信息分类与编码就是对信息进行分类并编制代码。实际上就是将具有某种共同特征的信息归并在一起,同不具有共性特征的信息区分开来,然后设定以某种符号体系进行编码,供计算机或人工识别和处理。

信息是对客观事物的描述,信息主要是通过对事物特征的描述来达到对整个事物的描述。分类是人们认识事物的基础，对事物分类特征的描述是信息的重要组成部分。

建设信息系统，需要确定信息的组织模式，而基于事物分类、信息结构和形式的信息分类与编码是信息组织的重要依据。

2. 有利于实现信息的共享和系统之间的互操作

各信息系统之间传输和交换的信息具有一致性是实现信息共享和系统之间互操作的前提和基础，即当使用同一个代码或术语时，所指的是同一信息内容。这种一致性是建立在各信息系统对每一信息的名称、描述、分类和代码共同约定的基础上的，信息分类与编码标准作为信息交换和资源共享的统一语言，它的使用不仅为信息系统间的资源共享创造了必要的条件，而且还使各类信息系统的互通、互联、互操作成为可能。

3. 减少重复浪费，降低开发成本

标准化的重要作用就是对重复发生的事物尽量减少或消除不必要的劳动耗费，并使以往的劳动成果重复利用，以节省费用。通过直接采用相应的物品分类编码标准，可以节省编制编码目录的费用；通过实施信息分类编码标准，可以统一协调各职能部门的信息收集工作，使之既符合系统整体的要求，又满足各单位的要求，可以减少对信息的重复采集、加工、存储的费用。

4. 改善数据的准确性和相容性，降低冗余度

通过信息分类编码标准化，最大程度地消除信息分类与编码对象命名、描述、分类和编码过程中的不一致所造成的误解和分歧；减少一名多物、一物多名，对同一名称的分类和描述的不同以及同一信息内容具有不同代码等现象，做到事物或概念的名称术语统一化、规范化；并确立代码与事物或概念之间的一一对应，以改善数据的准确性和相容性，消除定义的冗余和不一致现象。

5. 提高信息处理的速度

首先，信息分类与编码标准化有利于简化信息的采集工作，由于有统一的信息采集语言，综合信息便可直接取自相应的信息系统，系统内所需的通用信息可由主管部门采集，提供相关的部门单位使用，使原始信息保持一致，这样既充分利用了各部门各类分散的信息，又简化了信息的采集过程。

其次，信息分类与编码标准化是信息格式标准化的前提，通过统一信息的表示法，可以减少数据变换，转移所需的成本和时间。

最后，通过物品分类标准化，达到对信息的命名、描述、分类与编码的统一，有利于建立通用的数据字典，优化数据的组织结构，提高信息的有序化程度，降低数据的冗余度，从而提高信息的存储效率。

4.5.2 物品分类与编码标准的制修定

标准是对一定范围内的重复性事物和概念所做的统一规定，它以科学、技术和实践经验的综合成果为基础，以获得最佳秩序、促进最佳社会效益为目的，经有关方面协商一致，由主管机构批准，以特定形式发布，作为共同遵守的准则和依据。

国际标准化组织 ISO 对标准的定义是：标准是得到一致同意，并经由公认的标准化团体批准，作为工作或工作成果的衡量准则、规则或特性要求，供有关各方共同或重复使用的文件，目的是在给定范围内达到最佳的有序化程序。

标准体系是由若干个相互依存、相互制约的标准组成的具有特定功能的有机整体。标准体系并不是标准的简单堆积，它反映了标准之间的联系。由于标准体系内部的有序性、系统性和完整性，它能发挥简单标准集合所不能起到的作用。开展标准化工作要以标准体系为指导，不能单个地、孤立地和没有系统地去编制标准。

我国的物品编码标准也应是一个体系，而不是一个个相互独立的标准。

物品编码标准体系是国家物品编码体系建立、运行和维护的技术指南。国家物品编码体系必须以标准的形式来体现并在国内实施，因此，必须制定一套完整而系统的物品编码标准。

我国现有的物品编码标准见表 4-2。

表 4-2　　　　　　　　　　物品编码国家标准

序　号	标准名称	标准号
基础标准	信息分类和编码的基本原则与方法	GB/T7027
	分类与编码通用术语	GB/T10113
	标准编码规定第 3 部分：信息分类编码	GB/T20001.3

续表

序　号	标准名称	标准号
物品标识编码标准	商品条码	GB/T12904-2003
	中国标准书号条码	GB/T12906-2001
	中国标准音像制品编码	GB/T13396-1992
	中国标准刊号条码	GB/T16827-1997
	店内条码	GB/T18283-2000
	贸易项目的编码与符号表示导则	GB/T19251-2003
	储运单元条码	GB/T16830-1997
	EAN-UCC系统应用标识符	GB/T16986-2003
	动物射频识别　代码结构	GB/T20563-2006
	车辆识别代号条码标签	GB/T18410-2001
	集装箱代码、识别和标记	GB/T1836-1997
	物流单元的编码与符号标记	GB/T18127-2000
	国际航行船舶识别代码	GB/T12410-1990
物品分类编码标准	全国主要产品分类与代码	GB/T7635
	货物类型、包装类型和包装材料类型代码	GB/T16472-1996
	危险货物分类和品名编号	GB6944-1986
	道路车辆分类与代码	GB/T918-1989
	道路运输危险货物车辆标志	GB/T13392-1992
	运输工具类型代码	GB/T18804-2002
	内河船舶分类与代码	GB/T16158-1996
	铁路运输设备分类与代码基本规定	GB/T2966-1999
物品属性编码标准	世界各国和地区名称代码	GB/T2659-1994
辅助性物品编码标准	表示货币和资金的代码	GB/T12406-1996
	位置码	GB/T16828-1997

为完善我国的物品编码标准体系,满足我国信息化发展的需要,消除信息孤岛,仍需制修定一系列国家层面的物品编码的相关标准。在制修定物品编码标准时,应遵循完整性原则、系统性原则和可扩展性原则。

4.5.3 物品分类与编码标准的兼容

目前,国际、国内出现了多种物品编码和标准并存的局面,这是因为不同国家的国情不同、同一国家不同地区的具体情况不同、不同行业的具体要求不同、同一行业不同企业的需求不同。而不同的国家和地区、不同的行业和企业往往根据自身的信息化管理的需要来制定有关的物品编码标准。随着经济全球化和国际间、行业间、企业间信息交互的要求,各种物品编码和标准必须相互兼容。

1. 物品编码标准兼容的涵义

物品编码即物品信息的数字化是一个国家信息化的基础和源头。现代信息系统的基本工具是计算机,而计算机只能处理数字化信息,因此,只有将各类信息资源(包括物品、服务等)用数字表示并输入计算机中,才能实现信息的高效处理。

将各类信息进行分类并用数字加以表示(即信息的分类编码),是实现信息化的基本前提。正因为如此,发达国家高度重视信息分类编码工作,如美国、西欧等国家均设有专门的机构从事各种统一代码标识的注册管理及日常维护工作;美国国防部就有近442人从事美国后勤管理涉及的各类物资和装备的统一编码和标识工作。

伴随对物品编码的重视而来的是各种行业、企业物品编码标准的大量涌现。但是有关行业、企业在制定这些物品编码标准时,并未充分考虑标准彼此间的兼容性问题,造成了现在的"信息孤岛"。

经济全球化的发展要求全球信息互通互联,实现信息的无缝链接已成为国际社会的共识。对于物品编码的地域色彩、行业色彩和"信息孤岛"问题,国际国内都在谋求解决之道,力图通过制定通用编码标准,尽可能促进现有标准间的兼容,建立通用编码系统,以作为信息交换的平台。

因此,物品编码标准的兼容是指物品编码相关的企业标准、行业标准、国家标准、国际标准同时存在时,应保持其相互间的互通和充分一致性,以利于不同物品编码体系间的协调和转换。具体来讲,兼容性有两方面的内容:一是在充分照顾本国国情和优势的战略考虑下,参照或引用ISO等国际标准并做相应的本地化修改,制定本国物品编码标准,以免引起知识产权争议。二是制定本国的国家层面的物品编码标准,给各行业、企业物品编码方案提供共同的交互和对照的基准。

2. 物品编码标准兼容的意义

为顺畅地实现信息间的互联互通,必须对物品编码进行标准化,而在物品编码标准化的过程中,应充分考虑到物品编码标准的兼容性,以更好地利用信息资源,服务于国家的信息化建设。

(1) 物品编码标准兼容是建立和完善物品编码标准体系的必要手段,是新时期统一组织、管理和协调物品编码标准的迫切要求。

物品编码标准兼容是加强物品编码管理、规范物品编码应用的急需;是加强技术研究、开展自主创新的急需;是完善标准体系、服务体系的急需;是提高物品编码工作整体水平的急需。

(2) 物品编码标准兼容是从源头抓国家信息化建设、标准化工作的重要举措。

"信息化"要求"数字化",即信息的编码化,物品编码是信息化的源头。从物品编码这个源头抓国家信息化建设,是提高信息化水平的必然选择。

(3) 物品编码标准兼容是消除行业、企业间的"信息孤岛"、加强与国际进行交流的重要手段。

当前,国家正处于工业化向信息化的转轨阶段,各行业的信息化发展不平衡,存在很大差异。在我国,除了现已应用的商品代码体系外,已有的编码系统大都难以根据特定的应用需求而建立,具有较强的行业色彩,拓展性差,互不兼容,形成了一个个"信息孤岛",不同编码系统之间难以转换,缺乏通用交换平台,影响了行业、企业间的信息交换,不利于我国与国际其他对等实体的信息交换。

(4) 物品编码标准的兼容有利于信息资源的整合和充分利用。

物品编码是计算机应用的基础,然而在实际工作中,人们对物品编码的重要性认识不够,认为物品编码就是简单地给物品赋予一个代码,对物品编码的认识过于简单化,很少考虑编码资源的通用性、可扩展性。各自为政、重复建设现象严重,造成了资源浪费。根据物品编码标准的兼容性,可以对信息资源进行整合和充分利用。

(5) 物品编码标准兼容是提高供应链管理效率和管理水平的基础支撑。

根据物品编码标准兼容性的原则,可建立具有系统性、协调性、兼容共享的物品编码体系,有助于减少不同标准间的转换,实现供应链上下游企业之间电子业务模式的整合，减少人力、财力的行政管理投入，提高供应链管理效率，为国家信息化建设提供基础支撑。

3. 信息分类与编码标准兼容的迫切性

随着信息化社会的到来、信息技术的普及和发展，各种信息自动化管理系统应运而生，以应对信息激增的挑战。自动化管理系统要求将各种社会、经济、科技信息实施分类编码标准化，这是自动化管理系统高效率运转的基本前提，也是各系统间进行信息交换和资源共享的重要技术基础。

信息分类与编码标准就是将信息按照科学的原则方法进行分类并加以编码，经有关方面协商一致，由标准化主管机构批准发布，作为有关单位在一定范围内进行信息处理与交换时共同遵守的规则。

我国自 20 世纪 70 年代末开始信息分类与编码科研工作以来，在理论研究、标准的制定与贯彻执行等方面都取得了很大进展。为了加快信息管理系统的建设步伐，建成我国信息分类与编码标准体系，国家标准局在 1988 年特制定了《信息分类标准化管理办法》。现在已有的信息分类与编码国家标准达 100 多个，在国民经济建设中发挥了重要的作用。信息分类与编码技术已发展成为当代信息技术的重要分支之一，它不仅有了自己的一套相对独立的方法和原则，而且已经逐渐形成自己的一套相对独立的理论体系。

但是各信息分类与编码标准的独立性又在一些方面忽视了标准间的兼容性，导致信息流通不畅。我国现有的分类与编码标准体系存在以下问题。

（1）现有的分类与编码标准主要根据特定的应用而制定，具有一定的行业色彩，缺少映射，导致不同编码方案之间难以转换，影响了行业、企业甚至国际间的信息交换。

（2）企业物品编码和行业性物品编码方案过多，不仅增加了企业的负担，而且有可能阻碍将来的信息化和电子商务发展。

（3）信息管理中由于缺乏信息分类与编码标准的兼容，效率低下。

信息分类与编码标准兼容的程度不仅是衡量信息集成水平的标志，而且制约着信息的有效应用。实现和提高信息分类与编码标准的兼容是一项迫切的任务。

为了更快地完善我国的信息分类与编码标准体系和更好地与国际信息分类编码标准接轨，在制定信息分类与编码标准时，应注意与相关标准包括国际标准协调一致。

（1）兼容在物品编码标准工作中发挥着越来越重要的作用。信息分类与编码标准兼容是进行信息交换和实现信息资源共享的重要前提，是实现管理工作现代化的必要条件。搞好信息分类与编码标准兼容，具有巨大的经济效益和社会效益。

（2）物品编码朝着跨行业、跨领域方向发展，编码标准的兼容在其中发挥着关键性的推动作用。以市场为主导、以行业、企业积极参与、共同制定和维护作为公共基础的物品编码标准，已经成为国际物品编码标准兼容发展的方向。

国际物品编码组织 GS1 推出了基于全球产品分类 GPC 和全球数据字典 GDD 技术的全球数据同步网络 GDSN，力争"用同一种语言说话"，以取消地域色彩和行业色彩，实现信息在各个层面的无缝链接。

（3）实现信息分类与编码标准间的兼容性，可以统一协调各职能部门的信息收集工作，使之既符合系统整体的要求，又满足各部门的需要，可以减少对信息进行重复采集、加工、存储等的情况，最大程度地消除因对信息的命名、描述、分类和编码不一致所造成的误码解和分歧，减少诸如一名多物、一物多名、对同一名称的分类和描述不同以及同一信息内容具有不同代码等混乱现象，做到使事物名称和术语含义统一化、规范化、标准化，并建立代码与事物或概念之间的一一对应关系，以保证信息的可靠性、可比性和适用性，使之真正成为连接信息各组环节的纽带。

在此背景下，推动信息分类与编码标准的兼容，全面推进国家物品编码标准化工作，完善物品编码标准体系，对于落实科学发展观，从源头抓国家信息化建设，解决制约我国信息化建设的突出问题，规范我国物品编码工作，优化编码信息资源配置，实现信息共享，提升我国信息化管理水平，促进国民经济各行业信息化的发展，具有重要的指导作用，是势在必行的。

4. 信息分类与编码标准兼容的方法与原则

物品编码分类属于信息分类编码的范畴，物品编码的原则与方法应遵循信息分类与编码的基本理论。

1）信息分类与编码标准兼容的方法

第一，与国际上的编码组织进行合作，共同制定相关的信息分类与编码标准，以此促进国际间信息分类与编码标准的兼容。

近年来，随着信息技术的飞速发展，国际物品编码标准也得到了长足发展。物品编码标准趋于兼容，国际物品编码组织开始趋于合并或形成战略联盟。1998 年，联合国计划开发署推出的联合国一般代码系统（united nations common coding system，UNCCS Codes）与美国邓白氏公司的邓白氏码（SPSC）整合，推出了联合国标准产品与服务分类代码（UNSPSC）；2005

年,国际物品编码协会(EAN)与美国统一代码委员会(UCC)合并成为国际物品编码协会(GS1);2005年,北约标准化机构(NATO standard agency)与国际物品编码协会(GS1)签订了技术合作协议;最近,国际物品编码协会(GS1)又与电子商务标准化组织开始整合,RossetNet、HIBIC又加入了国际物品编码协会(GS1)。

各大编码组织间的相互融合可以在很大限度上促进分类编码标准的兼容。

第二,建立国家级的基础分类与编码映射基准,作为与现存其他分类与编码兼容、整合的入口,作为其他行业、企业级的分类与编码进行映射的基础。如GPC即是以UNSPSC作为其基础类别的分类标准,而GPC又是与其他分类编码相互转换和映射的入口标准。

分类代码是对物品的类别属性进行管理的代码,每一代码对应某一类相似或相同的物品的综合。由于不同应用场合有着不同的分类管理需求和分类原则,不可能存在一种万能的分类方案能满足所有的应用需求,所以形成了多种分类方案共存的局面。物品分类代码包括国家基础分类代码和特定领域分类代码两部分。

国家基础分类代码是物品分类代码体系的核心,它是国民经济宏观统计、电子商务搜索的基础,并为其他分类方案建立映射。它是在国家层面上信息交换的"格林威治时间",通过映射的方式,保证了现有的各种编码系统的无缝链接,具有先进性和高兼容性。

国家基础分类代码的编码对象是国家基础物品,所谓基础物品是指通用的国家物品信息交换用的基本单元。对基础物品进行标识与描述,并且脱离行业色彩、企业色彩、地域色彩、特定应用色彩,为各种物品建立归类、隶属关系,从而为基础物品的查询提供搜索引擎。

应用于特定领域的分类代码是为了解决特定领域的应用需求而产生的,带有较强的行业色彩。

国家基础分类代码为电子商务的实施提供了搜索基准,用于国家信息交换、资源共享、资源整合。它是依据物品的通用功能和主要用途作为分类依据,没有行业、企业和地域色彩,也没有其他特定的应用色彩,是适合于各个分类编码体系的、实时的、开放的公共映射标准。它可与其他物品分类代码的基础分类建立对应关系,在国家层面上建立起与现有的各种分类代码的无缝链接(见图4-9)。

第三,依照当前方案进行评估、整合和一致化,建立用户分类结构,为新产品分配代码、管理正在进行的变更、使用通用的范例层次。

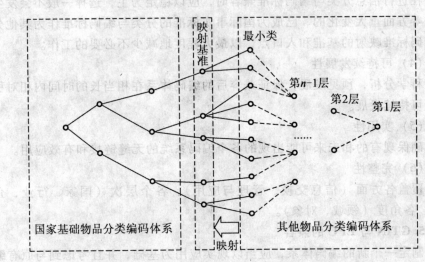

图 4-9 国家基础物品分类编码体系与其他物品分类编码体系的对应关系

通过对现存分类与编码标准的研究和评估，找出适合链接其他标准方案的基础，通过链接方案给当前的产品分配代码整合或相反。即先给产品分配代码，然后指定它们在分类结构中的位置来整合，并基于特定的需要建立用户分类结构一览表。

产品的创新将会促进方案的发展，因此可以考虑提交变更请求，重要的是需要评估变更对现存编码的影响。在无大变更的情况下，使用通用的范例层次（如果这些组织没有自己的分类结构或者它们正在寻找一个国际通用的分类结构）。

2）信息分类与编码标准兼容的原则

信息分类编码标准兼容有助于建立行业映射，消除"信息孤岛"，促进国民经济信息化的进程和发展，实现信息共享，优化资源配置。

在选择信息分类与编码标准兼容的方法和类型时，要遵循以下原则：

(1) 科学性

科学地反映各分类编码体系中各分类与编码标准相互间的关系。

(2) 灵活性

应该根据各自的标准现状和特点，选择适合自身的信息分类与编码标准兼容的方法，以达到信息分类与编码标准兼容的最优化。

（3）稳定性

在进行信息分类与编码标准兼容时，应以稳定为主，选择一般不会发生结构等方面重大变化的、已成为国际事实标准的分类与编码标准作为其他分类编码标准映射的基准和入口点，以最大程度地减少不必要的工作。

（4）可持续发展性

科学分析，预见发展，保证兼容后的编码体系在相当长的时间内相对稳定和可持续发展。

（5）实用性

确保现有的和未来可能出现的各个编码系统的无缝链接和有效应用。

（6）完整性

覆盖各方面（信息交换、管理与应用）、各个层次（国家、行业、企业）、各角度（领域、对象）。

5. GTIN 与 EPC 的兼容

制定一个新的编码体系，应当以现实应用为基础，并且考虑到与原有编码体系的兼容性和衔接性，现行的 GTIN 编码体系在世界各国已经普遍应用，而且在产品识别与物流领域起到了重要作用。

鉴于此，新一代的 EPC 编码体系将在技术突破与结构创新的同时，将 GTIN 的编码结构有选择性地整合进来，以实现技术上的兼容性与使用上的连续性。这两种编码体系在编码结构设计、编码实现方式、应用目的和应用效应等诸多方面存在必然的联系。

（1）应用目的

产品电子代码（EPC）是识别所有实体对象的有效方式，包括零售商品、货运包装、物流单元、集装箱和组装件等。

全球贸易项目编码（GTIN）是用于贸易项目和包装运输的编码，多年来一直应用于产品识别与包装识别，在产品识别与跟踪、商品结算和物流领域起到了重要作用。

（2）编码结构设计

两者都采用分级的编码结构，主要编码内容包括厂商识别代码、指示码、项目参考代码。而 EPC 为了实现对单个项目的标识，又额外增加了一个序列号。这样，现有的 GTIN 体系代码都可以转化为相应的 EPC 编码，已经申请使用 GTIN 的厂商可以直接将自己的条码为载体的 GTIN 转化为射频标签为载体的 EPC。

（3）管理机构

两种编码都是受 GS1 统一管理，进行相关的推广、实施工作。这也从一定程序上促进了这两种编码标准的相互兼容。

GTIN 体系与 EPC 体系的有效兼容将使智能化基础设施更多更快地应用到使用传统条码的行业中来，如零售业和分销业，同时能够扩展全球标准新的领域，包括健康护理业和制造业。

另外，EPC 尝试缩减其编码结构的内在信息和分类的数量。以国家编码来划分公司分类码的形式将被取消。因此，与互联网 IP 地址编码中没有国家或地区区别类似，EPC 也将弱化国家间的区别，并且是直接面向全球导向的。

因此，EPC 编码体系是新一代的与 GTIN 兼容的编码标准，它是全球统一标识系统的延伸和拓展，是全球统一标识系统的重要组成部分，是 EPC 系统的核心与关键。当前的 GTIN 编码体系标准在未来将整合到以 EPC 为主导的"网络化实体世界"中来。

6. GPC 与 UNSPSC 的兼容

GPC 是目前最完善的分类体系，这个标准对客户、对用户更有亲和力，更适合采购人员在全球范围进行采购。GPC 编码的特点如下：

（1）它要建立全球产品与服务的分类代码结构，统一描述和定义全球产品与服务的基础类别，它是全球电子商务得以实施的参照标准，为全球不同国家、不同组织、不同生产厂商生产的产品与服务的描述与定义建立了映射基准。

（2）GPC 是一个可修改的灵活的分类体系。它是全球产品与服务的"大黄页"，而且这个"大黄页"可以实时更新。

（3）支持零售购买计划，通过提供高级搜索功能以减少寻找货品的时间。

（4）提供一种共同语言，通过支持品类分析和制造商与零售商之间的协同作业来提高对消费者需求的快速反应能力（统计、分析、搜索）。

（5）通过以下方式实现数据同步：向每一个参与数据同步的数据池提供一致的详细的贸易项分类；简化数据的发布/订阅的服务流程。

要拥有上述特点，GPC 需要：①建立全球产品与服务的分类代码结构；②建立全球产品与服务的最小化、模块化和标准化的基础产品类别，通过基础产品类别来实现映射；③对基础产品类别进行定义和描述，界定其外延和内涵，并对其属性及属性值标准化。

EAN·UCC 全球电子商务基础信息平台采用《全球产品分类》（GPC）

和《联合国标准产品与服务分类》（UNSPSC）作为主数据的分类标准。GPC 编码选用四层八位的联合国标准产品与服务分类代码（UNSPSC）作为 GPC 产品的主体分类，用于产品的检索和查询，UNSPSC 是 GPC 的主体目录。

GPC 是 EAN·UCC 系统在 21 世纪推出的一个重大技术标准，是目前全球最完善、最科学、最权威的分类体系，是电子商务贸易主数据的全球数据字典 GDD 的子集。

依据 GPC 和 UNSPSC 的兼容，根据自身的需要，可以方便地进行物品查询。一个具体的应用实例，如要查找燕京啤酒，可按如下方法和步骤进行。

（1）查基础产品类别（brick）名称和标识代码。名称：啤酒（beer），代码：10000159。

（2）查啤酒 UNSPSC 分类代码。UNSPSC：50202201。

（3）查属性名称与代码，属性值名称与代码。

• 第一属性名称：啤酒种类（beer variant），代码：20000017；第一属性值名称：可狂饮的（lager），属性值代码：1420。

• 第二属性名称：产地（country of origin），代码：20000048；第二属性值名称：中国（China），属性值代码：75。

• 第三属性名称：是否加添加剂（if flavored or added），代码：20000098；第三属性值名称：没有（no），属性值代码：1732。

• 第四属性名称：酒精含量（level of alcohol），代码：20000122；第四属性值名称：低度酒精（low alcohol），属性值代码：1514。

• 第五属性名称：颜色类别（style of beer），代码：20000170；第五属性值名称：琥珀黄色（amber），属性值代码：177。

第 5 章 代 码

分类、编码的结果是形成一组用于表征事物的代码。一般来说，代码的主要作用是用来惟一地标识事物，代码的编制要遵循特定的原则，以使代码起到应有的作用。代码可分为有含义代码和无含义代码，每类代码又包含多种不同形式的代码结构。为了保证代码的正确性，每种代码序列的末尾都有校验码。本章对代码的基本概念进行介绍。

5.1 代码的概念

信息的表示方法都是信息系统的基础，任何信息都需要通过一定的编码方式以代码的形式输入并存储在计算机中。一个科学的、严谨的代码体系可以使信息系统的质量得到很大的提高。

所谓代码，是指用来表征客观事物的实体类别和属性的一个或一组易于计算机识别和处理的特定符号，它可以是字符、数字、某些特殊符号或它们的组合。

代码是代表事物的名称、属性、类别等的符号，为了便于计算机处理，一般用数字、字母或它们的组合来表示。

代码可以是标识事物，如车牌号、商品条码、公民身份证号码，也可以是表示事物的属性，还可以是对事物进行分类的结果。

按编码的作用，物品编码所形成的物品代码可分为物品标识代码、物品属性代码和物品分类代码。

标识编码是指对某一个、某一批次或某一品类编码对象分配的惟一性的编码，一般作为查询或索引中的数据库关键字。

物品属性编码是指对物品本身的特性进行描述的编码。属性代码也是在数据库中进行检索的重要关键字，便于用户按照自己的需要而不是以生产厂家的角度进行查询。

物品分类代码是指从宏观上根据编码对象的特性在整体中的地位和作用对物品进行分层划分的编码，用于信息处理和信息交换。

代码的表现形式一般有数字型、字母型、数字字母混合型。

1. 数字型代码

数字型代码是用一个或多个阿拉伯数字表示的代码。这种代码结构简单，使用方便，也便于排序，易于在国内外推广。这是目前各国普遍采用的一种形式，如前面提到的人的性别代码、国民经济行业分类和代码等国家标准中都采用数字码。这种代码的缺点是对于编码对象特征的描述不直观。

在对数字格式代码值赋值时，不宜使用全部是 0 或全部是 9 的值，如 "0000"、"9999"。这些值应当保留，用于特殊情况。

2. 字母型代码

字母型代码是用一个或多个拉丁字母表示的代码。例如，铁道部制定的火车站站名字母缩写码中，BJ 代表北京。这种代码的优点是便于记忆，符合人们的习惯。另外，与同样长度的数字码相比，这种代码容量大得多。一位数字最多可表示 10 个类目，而一位字母可表示 26 个类目。

这种代码的缺点是不便于机器处理，特别是编码对象多、更改频繁时，常会出现重复和冲突，因此，字母型代码常用于编码对象较少的情况。

为字母格式代码赋值时，应注意：

（1）无含义字母型代码应当避免采用那些在发音时可能引起混淆的字符，如字母 B、D、G、P、T，或者字母 M 和 T。

（2）在字母型代码中，或在代码的一部分有 3 个或更多的连续字母字符时，要避免使用元音字母（A、E、I、O、U），以免无意间形成易被误认的简单语言单词。

（3）在同一编码方案中，字母型代码宜使用单一的大写或小写字母，而不宜大小写字母混用。

3. 混合格式代码

混合型代码是由数字、字母、特殊符号组成的代码。这种代码基本上兼有前两种代码的优点。但是这种代码组成的形式复杂，计算机输入不便，录入效率低，错误率高。

综上所述，上述三种类型代码的表示形式各有特点，使用者应综合考虑自身的要求、信息量的多少、信息交换的频度、使用者的习惯等方面，选用合适的代码表现类型。

5.2 代码的功能

代码是一个或者一组有序符号排列、便于人或计算机识别和处理的符号。在管理信息系统中，代码是数据元的一种标准表示形式，是一种人机信息语言的表达形式。

代码作为人机交互的重要基础，具有以下功能：

1. 标识惟一性

当用代码（数字或字母等符号）表示某一事物或概念时，代码本身代替了某事物或概念的具体名称，为事物提供了一个概要而不含糊的认定。例如，身份证号、学生的学号和职工的职工号等。

代码和具体的人形成了一一对应的关系。代码在标识事物或概念这一方面具有独特的优点，即惟一、准确和简单。这是因为用文字或自然语言标识和描述事物或概念时，有时候会产生混淆、误解和多义性。如果采用姓名来表示具体的人，就会由于重名的存在而失去一一对应的关系，必须附加其他的说明或描述才能区别他们，如男女、胖瘦、高矮等。但是作为学号代码，是学校统一编制的，学号和人形成了一一对应关系，因此既简单又准确，惟一标识了编码对象。

代码便于数据的存储和检索，缩短了事物的名称，无论是记录、记忆还是存储，都可以节省时间和空间。

2. 分类功能

当编码对象是按照其属性或特征进行分类并分别赋予代码时，代码可反映原编码对象属性的类别。例如，铁路系统对旅客列车的编码，"Yxxx" 表示旅游车，用奇数和偶数来表示列车行驶的方向，其中偶数可表示行驶方向是向北京开的列车。

3. 排序功能

当编码对象是按发现（产生）的时间、所占的空间或其他方面的顺序关系进行分类并赋予代码时，代码可反映编码对象的排列顺序关系。例如，房间号、门牌号都反映了编码对象在位置上的相对顺序关系。又如职工注册号作为职工姓名的代码，可以给出职工入厂先后的次序。

4. 特定含义

由于某些客观需要，在设计代码时，采用一些专用字符并作出一些特殊规定，此时，代码具有一定的特殊含义。

5. 可提高处理的效率和精度

如果通过代码对事物进行排序、累计或按某种确定的算法进行统计分析，就可以十分迅速地达到目的。

6. 提高数据一致性

对同一事物，即使在不同的场合有不同的叫法，都可以通过编码统一起来，提高了系统的整体性，减少了因数据不一致而造成的错误。

7. 人机交互语言

在信息系统中，代码已经成为鉴别某些信息的主要依据和手段。因此，在信息系统建立时，必须首先建立相应的代码体系，使系统中的事物或概念代码化、各项数据体系化。

所谓数据体系化是按信息所表示的数据特征或属性以及用途等进行分类、排序，并选用合适的代码结构予以代码化，从而形成有条不紊的管理数据，以提高数据的使用效率。

代码为数据体系化提供了一种简短方便的符号结构，为数据记录、存取、检索提供了方便，并且还可以提高该数据处理和传输的效率和准确性。很明显，用自然语言对事物或概念命名和描述远比采用代码繁琐，而且不如代码确切。特别是对需要处理和传输大量数据的信息系统，用自然语言描述与命名也是十分不经济的。无论从机器的存储空间还是数据的处理和传输时间，都将造成极大的浪费，而且由于描述不准确还会造成混乱。因此，惟有内容和格式简单、降级的代码才能大大提高数据处理、传输的效率和准确性。由此可见，代码在当前信息系统中起着极为重要的作用。

现代化企业的编码系统已由简单的结构发展成为十分复杂的系统。我国十分重视制定统一编码标准的问题，并已公布了《GB 2260-80：中华人民共和国行政区划代码》、《GB 1988-80：信息处理交换的七位编码字符集》等一系列国家标准编码，在系统设计时，要认真查阅国家和部门已颁布的各类标准。

5.3 代码编制的基本原则

代码编制应遵循以下基本原则：

（1）惟一性 一个对象可能有多个名称，也可按不同的方式对它进行描述。但一个对象只能赋予一个惟一的代码。

（2）合理性 代码结构应与相应的编码体系相对应。

(3) 可扩展性　应留有充分的余地，以备将来不断扩充的需要。

(4) 简单性　代码结构尽可能简单，尽可能短，以减少各种差错。

(5) 适用性　代码尽可能反映对象的特点，以帮助记忆，便于填写。

(6) 规范性　国家有关的编码标准是代码设计的重要依据，已有的标准必须遵循。代码结构、类型、编写格式必须统一。

(7) 系统性　系统性是指有一定的分组规则，从而使代码在整个系统中具有通用性。

另外，在代码编码的过程中，还要注意以下一些问题：

(1) 设计的代码在逻辑上必须能满足用户的需要，在结构上应当与处理的方法相一致。例如，在设计用于统计的代码时，为了提高处理速度，往往使之能够在不需调用有关数据文件的情况下，直接根据代码的结构进行统计。

(2) 一个代码应惟一标识它所代表的事物或概念。

(3) 代码设计时，要预留足够的位置，以适应不断变化的需要。否则，在短时间内随便改变编码结构对设计工作来说是一种严重浪费。一般来说，代码愈短，分类、准备、存储和传送的成本愈低；代码愈长，对数据检索、统计分析和满足多样化的处理要求就愈好。但编码太长、留空太多、多年用不上，也是一种浪费。

(4) 代码要系统化，代码的编制应尽量标准化，尽量使代码结构对事物的表示具有实际意义，以便于理解及交流。

(5) 要注意避免引起误解，不要使用易于混淆的字符。如O、Z、I、S、V 与 0、2、1、5、U 易混淆；不要把空格作代码；要使用 24 小时制表示时间等。

(6) 要注意尽量采用不易出错的代码结构，如字母-字母-数字的结构（如 WW2）比字母-数字-字母的结构（如 W2W）发生错误的心率要少一些。

(7) 当代码过长时，应分成小段，这样人们读写时不易发生错误。如 726-499-6135 比 7264996135 易于记忆，并能更精确地记录下来。

(8) 若已知代码的位数为 P，每一位上可用的字符数为 S_i，则可以组成码的总数为：

$$C = \prod S_i \ (i = 1, \cdots, P)$$

例如，对每一位字符为 0~9 的数字的三位码，共可组成 $C = 10 \times 10 \times 10 = 1\,000$ 种码。

5.4 代码的种类及其应用

根据代码是否具有含义,给出了各种常用代码的种类。在实际应用中,常常根据需要采用两种或两种以上基本代码的组合。

5.4.1 无含义代码

无含义代码是指代码本身无实际含义,只作为编码对象的惟一标识,起代替编码对象名称的作用。代码本身不提供任何有关编码对象的信息。顺序码和无序码是两种常见的无含义代码。见图5-1。

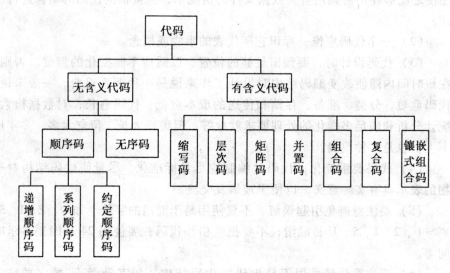

图 5-1 常用代码类型

1. 顺序码

顺序码是一种最简单、最常见的无含义代码。顺序码从一个有序的字符集中顺序地取出字符分配给各个编码对象,这些字符通常是自然数的整数。

顺序码一般作为以标识或参照为目的的独立代码来使用,或者作为复合代码的一部分来使用,后一种情况经常附加着分类代码。顺序码只作为分类对象的惟一标识,只代替对象名称,而不提供对象的任何其他信息。

顺序码是一种最简单、最常用的代码。这种代码是将顺序的自然数或字母赋予分类对象。例如,国家标准《人的性别代码》(GB2261-80)中规定:

1 为男性，2 为女性。

顺序码也不完全从 1 开始编码，采用的顺序码可以从任何数开始编码。通常，非系统化的编码对象常采用这种代码。

顺序码的优点是代码简短，使用方便，易于管理，易添加，对分类对象无任何特殊规定。

顺序码的代码长度与编码对象数目的关系可用下式表示：

$$Q = A^L$$

式中，Q 为编码对象的个数；A 为组成代码字符的个数（如数字码最多为 10）；L 为代码的位数（代码的长度）。

由此可见，每增加一位代码，编码容量只增加 A 倍，因此，码位冗余度不大。

顺序码的缺点是代码本身没有给出编码对象的任何其他信息，不便于记忆。

顺序码有三种类型：递增顺序码、分组顺序码、约定顺序码。

1）递增顺序码

编码对象被赋予的代码值可由预定的数据递增决定。用这种方法，代码值不带有任何含义。相类似的编码对象的代码值不作分组。为了方便以后原始代码集的修改，可能需要使用中间代码值，这些中间代码值的赋值不必按 1 递增。

示例：GB/T 2659-2000《世界各国和地区名称代码》中，部分国家和地区的数字代码见表 5-1。

表 5-1　　　　　　　　部分国家和地区的数字代码

国家和地区名称	代　　码
阿富汗 AFGHANISTAN	004
阿尔巴尼亚 ALBANIA	008
阿尔及利亚 ALGERIA	012
美属萨摩亚 AMERICAN SAMOA	016
安道尔 ANDORRA	020
安哥拉 ANGOLA	024

递增顺序码的优点是能快速赋予代码值，代码简明，编码表达式容易确

认。其缺点是编码对象的分类或分组不能由编码表达式来决定，而且不能充分利用最大编码容量。

2）系列顺序码

这种代码首先要确定编码对象的类别，按各个类别确定它们的代码取值范围，然后在各类别代码取值范围内对编码对象顺序地赋予代码值。

系列顺序码只有在类别稳定，并且每一具体编码对象在目前或可预见的将来不可能属于不同类别的条件下才能使用。

示例：GB/T 4657-2002《中央党政机关、人民团体及其他机构代码》就采用了三位数字的系列顺序码（见表5-2）。

表5-2　　　部分中央党政机关、人民团体及其他机构代码

机构名称	代码
全国人大、全国政协、高检、高法机构	100～199
中央直属机关及直属事业单位	200～299
国务院各部委	300～399
……	……
全国性人民团体、民主党派机关	700～799

系列顺序码的优点是能快速赋予代码，代码简明，编码表达式容易确认。其缺点是不能充分利用最大容量。

3）约定顺序码

约定顺序码不是一种纯顺序码。这种代码只能在全部编码对象都预先知道，并且编码对象集合将不会扩展的条件下才能顺利使用。

在赋予代码值之前，编码对象应按某些特性进行排列，如依名称的字母顺序排序、按年代顺序排序等。这样得到的顺序再用代码值表示，而这些代码值本身也应是从有序的列表中顺序选出的（见表5-3）。

表5-3　　　按英文字母顺序排列的数值化字母顺序码

代码	名称
01	Apple（苹果）
02	Banana（香蕉）

续表

代码	名称
03	Cherries（樱桃）
04	Dates（枣）
……	……

约定顺序码的优点是能快速赋予代码，代码简明，编码表达式容易确认。其编码对象容易归类，容易维持并可起到代码索引的作用，便于检索。其缺点是不能充分利用最大容量，不能适应将来可能的进一步扩展。在编制代码时，需要一次性地给以后新的分类编码对象留有足够的备用代码。有时为了保证新增加的分类编码对象的排列次序，而原有的备用代码又不多时，需要重新编码。因此，此类代码的使用寿命相对较短，而且各类目的密集程度不均匀。

通常，这种代码适合于根据人名、机关名称、企事业单位名称进行信息检索。

2. 无序码

无序码是将无序的自然数或字母赋予编码对象。此种代码无任何编写规律，是靠机器的随机程序编写的。

无序码既可用作编码对象的自身标识，又可作为复合代码的组成部分。

无序码的优点是容易并且快速赋予代码值（可能为自动化赋值），代码简明，可利用最大容量。其缺点是编码对象的分类或分组不能依据编码表达式显示出来，如果要排除号码的复制，需要用某种预先设定的表或运算法则产生随机数。

5.4.2 有含义代码

有含义代码是指代码不仅能代表编码对象，其本身还具有一定的含义，从代码本身就能看出其编码对象的一些特征，便于交流、传递、交换和代码的编制。有含义代码包括缩写码、层次码、矩阵码、并置码、组合码、复合码和镶嵌式组合码等。

1. 缩写码

缩写码的本质特性是依据统一的方法缩写编码对象的名称，由取自编码对象中的一个或多个字符赋值成编码表示。

缩写码可有效地用于那些相当稳定的、并且编码对象的名称在用户环境中已是人所共知的有限标识代码集。

示例：GB/T 2659-2000《世界各国和地区名称代码》中，部分国家和地区的字母代码见表 5-4。

表 5-4　　　　　　　　　部分国家和地区的字母代码

国家名称	代码
奥地利 AUSTRIA	AT
加拿大 CANADA	CA
中国 CHINA	CN
法国 FRANCE	FR
美国 UNITED STATES	US

缩写码的优点是用户容易记忆代码值，从而避免频繁地查阅代码表，可以压缩冗长的数据长度。其缺点是编码表达式依赖编码对象的初始表达（语言、度量系统等）方法，在每次增加代码值后，如果不重新检查全部的代码值，则缩写过程的结果就不能保证代码值的惟一性。

2. 层次码

层次码常用于线分类，它是按分类对象的从属关系和层次关系为排列顺序的一种代码。对产品来讲，这个排列顺序可以是按工艺、材料、用途等属性来排列的。

编码时，将代码分为若干层级，以编码对象集合中的层级分类为基础，将编码对象编码成为连续且递增的组（类）。位于较高层级上的每一个组（类）都包含并且只能包含它下面较低层级全部的组（类）。这种代码类型以每个层级上编码对象特性之间的差异为编码基础。每个层级上的属性必须互不相容。

细分至较低层级的层次码实际上是较高层级代码段和较低层级代码段的复合代码。

层次码的一般结构如图 5-2 所示。

层次码通常用于分类的目的，较少用于标识和参照的目的。层级数目的建立依赖于信息管理体制的需求。

层次码非常适合于诸如编制统计目的、报告货物运转、基于学科的出版

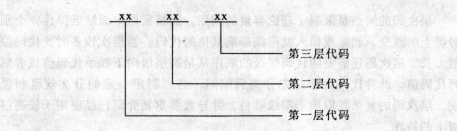

图 5-2 层次码结构

分类等情况。在实际运用中,既有固定格式,也有可变格式。固定格式比可变格式更容易处理一些。

示例 1:固定递增格式。GB/T 13745-992《学科分类与代码》中的学科代码由 3 个数字位组成,下一级学科相对于上一级学科按固定的确位代码段递增,其部分代码见表 5-5。

表 5-5　　　　　　　　　部分学科分类与代码

代　码	学科名称
110	数学
110・14	数理逻辑与数学基础
110・1410	演绎逻辑学

示例 2:可变递增格式。在通用十进制分类法(UDC)中,字符的数目和编码表达式的分段是可变的,其细节描述的程度能被延伸到想要达到的层级。如"建筑学的屋顶坡度"这样一个概念可被编码表达式表达成 624.024.13。

  624　　　　　土木工程
  624.02　　　　建筑物成分
  624.024　　　 屋顶、屋顶用材料
  624.024.10　　屋顶坡度

层次码的优点是能明确表示分类对象的类别。代码本身具有严格的隶属关系,易于编码对象的分类或分组能在较高的合计层级上汇总,各层代码在分类上都具有一定的含义,代码值可以解释。而且层次码代码结构简单,容量大,同时便于机器求和和汇总。

层次码的缺点是限制了理论容量的利用，因精密原则而缺乏弹性，个别分类上的改变、删除或插入就可能影响其他的代码。当层次较多时，代码位数太长。层次码还需要随代码层级的顺序从最高层级向下赋予代码值或者解释代码值。此种代码由于是先分类后编码，必须制定一定的分类规范和说明。层次码的复杂性取决于层级数目，并导致要重新介绍已经应用于较高层级上的特性。

3. 矩阵码

矩阵码是一种建立在多维空间坐标位置基础上的代码，代码的值是通过赋予多维空间坐标的代码组合而成的，或是通过赋予多维空间位置序号构成的。

矩阵码以复式记录表的实体为基础。赋予这个表中行和列的值用于构成表内相关坐标上编码对象的代码表示。

这种方法的目的是对矩阵表中的编码对象赋予有含义的代码值，这些编码对象在不同的组合中具有若干共同的特性。

矩阵码可有效地用于标识那些具有良好结构和稳定特性的编码对象。

示例：GB 2312-1980《信息交换用汉字编码字符集　基本集》根据矩阵码编码方法对汉字信息交换用的基础图形字符编制了区位码，其中，区号为矩阵表中的行号，位号为矩阵表中的列号。汉字字符"啊"用区位码 16-01 编码表示，在这里，16 为区号，01 为位号。同理，拉丁字符"A"用区位码 03-13 编码表示，图形字符"……"用区位码 01-13 表示。

矩阵码的优点是：由于矩阵码是在多维空间坐标位置的基础上构成的，因此，代码逻辑关系明确，代码容易编制，也容易解释其代码值。

矩阵码的缺点是：要预先建立表，对应一定的逻辑关系，覆盖编码对象的全部特性，因而难以适应新的要求，如新的或更改的特性以及新的组合等。

4. 特征组合码

特征组合码是由一些代码段组成的复合代码，这些代码提供了描绘编码对象的特性，这些特性是相互独立的。这种方法的编码表达式可以是任意类型（顺序码、缩写码、无序码）的组合。

特征组合码又称为并置码，常用于面分类中，将分类对象按属性分成若干个"面"，每个"面"内的各个类目按其规律分别进行编码。因此，"面"和"面"之间的代码没有层次关系，也没有隶属关系。使用时，根据需要选用各"面"中的代码，并按预先确定的"面"的排列顺序将代码组合起来，以表示这个组合的类目。

特征组合码非常适用于那些具有若干共同特点的分类。

示例1：轨道编码，见图5-3，等级、形状、尺寸这三个特性在很大程度上是相互独立的。

```
XXXX      XX      XX
等级      形状     尺寸
```

图 5-3　轨道编码

示例2：机制螺钉的编码

对机制螺钉，可选用材料、螺钉直径、螺钉头形状及螺钉表面处理状况四个"面"，每个"面"内又分为若干个类目，并分别编码（见表5-6）。

表 5-6　　　　　　　　机制螺钉的并置码编码

材料	螺钉直径	螺钉头形状	螺钉表面处理状况
1-不锈钢	1-Φ0.5	1-圆头	1-未处理
2-黄铜	2-Φ1.0	2-平头	32-镀铬
3-钢	3-Φ1.5	3-方形头	3-镀锌
		4-六角形头	4-上漆

特征组合码的优点是：以代码值表现出一个或多个特性为基础，可以很容易地对编码对象进行分组，容量与每个特性可能含有的值的数量相联系，代码值可以解释。另外，该代码具有一定的柔性，能比较简单地增加分类"面"的个数，必要时，还可更换个别的"面"，适于机器处理信息。同时，在使用时，可用全部代码，也可用部分代码。根据"面"的特征及"面"内的代码符号，便可确认分类编码对象的特性。

特征组合码的缺点是：因含有大量的特性，可导致每个代码值有许多字符，难以适应新特性的要求。这种代码的利用率较低，因为分类编码对象的属性不可能都存在组配关系，因而不是所有的可组配的代码都有实际意义，都能全部被采用。此外，这种代码不适于求和汇总。

5. 组合码

组合码也是由一些代码段组成的复合代码，这些代码提供了编码对象的不同特性。与特征组合码不同的是，这些特性相互依赖，并且通常具有层次关联。

组合码经常被用于标识目的，以覆盖宽泛的应用领域。

示例1：GB 11643-1999《公民身份号码》，见表5-7。

表5-7 公民身份证格式

公民身份号码	含 义
XXXXXX XXXXXXXX XXX X	公民身份号码的18位组合码结构
XXXXXX	行政区划代码
XXXXXXXX	出生日期
XXX	顺序号，其中奇数表示男性，偶数表示女性
X	校验码

整个18位组合码共分4段，前两个代码段标识了编码对象（公民）的空间和时间特性，第三个代码段则依赖于前两个代码段所限定的范围，第四个代码段依赖于前三个代码段赋值后的校验计算结果。

组合码的优点是：代码值容易赋值，有助于配置和维护代码值，能够在相当程度上解释代码值，有助于确认代码值。其缺点是：理论容量不能充分利用。

6. 复合码

复合码通常是由两个或两个以上完整、独立的代码组成。例如，"分类部分＋标识部分"组成的复合码是将分类编码对象的代码构成分为分类部分和标识部分两段。分类部分表示分类编码对象的属性或特征的层次、隶属关系。标识部分起着分类编码对象注册号（即登记号）的作用，常采用顺序码或系列顺序码。

如适用于北美和北约集团国家的美国物资编码，就是采用十三位的数字复合码，其代码结构如图5-4所示。其中，标识部分是由美国及北约集团国家编码的二位数字的代码和物品识别的七位数字代码组成的。美国物资编码标识码必须是美国及北约集团国家编码局代码和物品识别编号，九位数字码联合使用。只有这样，才能保证其完整性，才能真正做到一物一码，起到惟一标识的作用。

复合码的优点是：代码结构具有一定的柔性，易于扩大代码的容量和调整分类编码对象的所属类别。同时，代码的标识部分可以用于不同的系统，因而便于若干个系统之间的信息交换。

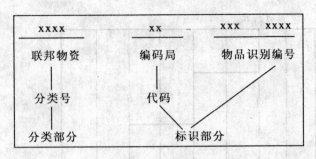

图 5-4 美国物资编码代码结构

复合码的另一种形式为"层次+标识部分",如表 5-8 所示。此种代码由两部分组成,第一部分为层级代码,表示分类编码对象在分类结构上的层级。第二部分为标识部分,表示分类编码对象的顺序号。

表 5-8 复合码的另一种形式示例

产品名称	层级	标识部分
黑色金属轧制品	1	235
梁和槽铁	2	236
巨型优质钢材	2	237
优质结构钢	2	238
优质含镍结构钢	3	239

复合码的优点是:可较好地反映分类编码对象的层级,并且便于计算机求和。

复合码的缺点是:代码的总长度过长。当品名繁多时,很难直观地反映从属关系。

7. 镶嵌式组合码

镶嵌式组合码是由相互独立的两部分代码镶嵌组合而成的,每一部分的代码长度都是变化的。其规律是一部分代码长度由小变大,而另一部分代码长度由大变小。这样,代码长度大小镶嵌,保证了镶嵌式组合码码长的恒定。

镶嵌式组合码的代码结构见图 5-5。整个代码由 A、B 两部分组成。A 由小到大,B 由大到小,且 $A+B=N$,其中 N 为一恒定数字。

镶嵌式组合码的优点是:大大节约了码位,节省了机器的存储空间。如

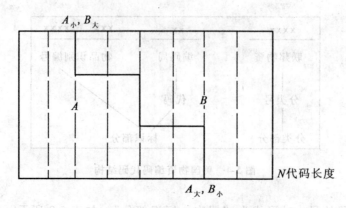

图 5-5 镶嵌式组合码结构图

果单独为 A 和 B 编码,代码长度分别需要 A 大和 B 大,否则不能充分反映 A、B 的情况。但是由于 A、B 两事物或概念间存在着相反的增长方向,如 A 大则 B 小,反之,B 大则 A 小,所以利用 A、B 事物或概念间的这一客观规律,将 A、B 嵌合在一起,共同反映 A 和 B 的情况。这样,代码的长度只需要 "A 大 + B 小" 或 "A 小 + B 大" 就可以了。

镶嵌式组合码的缺点是:由于代码是由两个变化的代码部分组成,因此,在编制代码时,要做好充分的调查研究,对编码对象的特性及其规律以及编码对象的最大量和最小量要做好充分估计。在此基础上确定组合码的总长度及镶嵌的结构,因此,代码编制较为复杂。

例如:中国标准书号中,出版社号 + 书序号就是 8 位的镶嵌式数字组合码。出版社号代码由 2 位→6 位,书序号代码由 6 位→2 位。其结构见图 5-6。

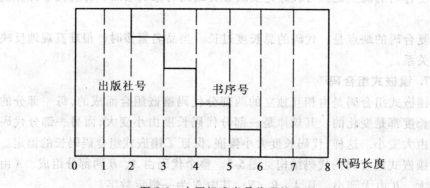

图 5-6 中国标准书号代码结构图

5.5 代码的校验

5.5.1 代码校验的目的和意义

代码是数据的重要组成部分,它的正确性将直接影响系统的质量。特别是人们重复抄写代码和通过人工输入计算机,发生错误的可能性更大。因此,为了验证输入代码的正确性,要在代码本体的基础上再加上校验码(checker characters),使它成为代码的组成部分。

校验码是指可通过数学关系来验证代码正确性的附加字符。校验码系统(checker characters system)是产生校验码并校验包括校验码在内的字符串的一套规则。

设有校验码的代码由本体码与校验码两部分组成(如组织机构代码),本体码是表示编码对象的号码,校验码附加在本体码后面,是用来校验本体码在输入过程中准确性的号码。每一个本体码只能有一个校验码,校验码是通过规定的数学关系计算得到的。

校验码的校验原理是:系统内部预先设置根据校验方法所导出的校验公式编制成的校验程序,当带有校验码的代码输入系统时,系统利用校验程序对输入的本体码进行运算,得出校验结果后,再将校验结果与输入代码的校验码进行对比来检测输入的正确与否。如果两者一致,则表明代码输入正确;如果不一致,则表明代码输入有误,要求重新输入代码。

校验位能发现以下错误:

(1) 单替代错误:一个单一字符被另一个单一字符替换,如 1 写成 7。

(2) 单一对换错误:单个字符的对换,相邻的两个字符或相隔一个字符的两个字符之间的互换错误,如 1234 写成 1324。

(3) 双替代错误:在同一个编码表达式中,两个分隔的单一字符的替换错误,如 26913 写成 21963。

(4) 位移错误:编码表达式整体向左或向右的位移。

(5) 随机错误:包括以上两种或三种综合性错误或其他错误。

(6) 其他错误。

一般地,校验码的生成过程如下:

(1) 对代码本体的每一位加权求和

设代码本体为 $C_1 C_2 \cdots C_n$,权因子为 $P_1, P_2, \cdots, P_n$,加权求和:

$S = \sum C_i P_i$,其中,权因子可取自然数 1,2,3,…,或几何级数 2,4,8,16,32,…,或质数 2,3,5,7,11,…,等。

(2) 以模除和得余数

$$R = S \bmod (M)$$

其中,R 表示余数;M 表示模数,可取 $M = 10,11$ 等。

(3) 模减去余数得校验位

$$C_n + 1 = M - R$$

例如,代码本体为 123456,权因子为 1,7,3,1,7,3,模为 10,则

$$S = 1 \times 1 + 2 \times 7 + 3 \times 3 + 4 \times 1 + 5 \times 7 + 6 \times 3 = 81$$
$$R = 81 \bmod (10) = 1$$

校验位为 $10 - 1 = 9$

所以自检码为 1234569,其中 9 为校验位。

当自检码 $C_1 C_2 \cdots C_n C_{n+1}$(其中,$C_{n+1}$ 为校验位)输入计算机后,对 $C_1 C_2 \cdots C_n$ 分别乘以原来的权因子,C_{n+1} 乘以 1,所得的和被模除,若余数为零,则该代码一般说来是正确的,否则输入有错。

在这种方法中,权和模可有多种取法,表 5-9 列出了一些权和模的检错率。

表 5-9　　　　　　　　　不同权和模的检错率

模	权	抄写错检错率	易位错检错率	隔位易位错检错率	随机错检错率
10	1, 2, 1, 2, 1, 2	100%	98%	0	
10	1, 3, 1, 3, 1, 3	100%	89%		90%
10	7, 6, 5, 4, 3, 2	87%	100%		
11	9, 8, 7, 4, 3, 2	95%	100%	89%	
11	1, 3, 7, 1, 3, 7	100%	89%		
11	7, 6, 5, 4, 3, 2	100%	100%	100%	

5.5.2 校验码标准系统

目前正在使用的校验码系统有一百多个,其中许多系统的特性非常接

近，大多数系统并未起到有效的作用。现存的应用系统中，仅有少数经过严格的数学验证，有些还存在严重的缺陷。同时，系统的多样性无形中也损害着校验码系统的经济效益，影响数据的校验。因此，必须选择一些可满足不同需要的、兼容的校验码系统，即要选择校验码标准系统。

ISO/IEC 和我国的标准化机构出台了相应的数据处理校验码系统标准，为大部分的应用提供校验的标准方法（见 GB/T 17710-1999，ISO/IEC 7064）。

标准的校验码系统分为纯系统和混合系统，两者的区别在于：纯系统只使用一个模数，而混合系统中使用两个模数。下面将详细介绍这两种系统下的校验码标准系统。

1. 纯系统的校验码标准系统

在纯系统中，每一个系统的所有运算都使用单一模数，见表 5-10。

表 5-10　　　　　　　　　　纯　系　统

校验码系统表示[1]	适用范围	校验码数目及类型[2]
ISO 7064 MOD 11-2	数字型字符串	1 位数字或附加符 X
ISO 7064 MOD 37-2	数字字母型字符串	1 位数字或字母或附加符 *
ISO 7064 MOD 97-10	数字型字符串	2 位数字
ISO 7064 MOD 661-26	字母型字符串	2 位字母
ISO 7064 MOD 1271-36	字母数字型字符串	2 位数字或字母

1) 在 MOD 之后的第 1 个数字是模数，第 2 个数字是底数。
2) 前两个系统可在被校验的字符串处产生 1 位附加校验码，当不能使用附加校验码，又只能产生一位检验码时，应避免使用产生附加校验码的系统，如果既不能使用附加校验码，又不能使用一位校验码，则应使用混合系统。

字符串应满足下列公式的校验：

$$\sum [a_i \times r^{i-1}] \equiv 1 \pmod{M} (i = 1, \cdots, n)$$

式中，符号"≡"表示同余（congruence）的概念。同余指在同一组整数中，两两之差与模数有倍数的关系的特性。如 39≡6（模 11），即指 39−6

=33 是 11 的倍数。n 表示包括校验码的字符串的字符个数；i 表示从右边开始的字符所在的位置序号（包括校验码在内），即最右边的字符 $i=1$，空格与分割符不计在内；a_i 表示处于 i 位置上的字符值；r 表示底数（即几何级数的基数）；M 表示模数。字符对应的值见表 5-11。

表 5-11　　　　　　　　　　　　字符对应的值

字符	系统中数字字符值	系统中字母字符值	系统中字母数字字符值
0	0		0
1	1		1
2	2		2
3	3		3
4	4		4
5	5		5
6	6		6
7	7		7
8	8		8
9	9		9
A		0	10
B		1	11
C		2	12
D		3	13
E		4	14
F		5	15
G		6	16
H		7	17
I		8	18
J		9	19
K		10	20
L		11	21
M		12	22
N		13	23
O		14	24
P		15	20
Q		16	21
R		17	22
S		18	23
T		19	24

续表

字符	系统中数字字符值	系统中字母字符值	系统中字母数字字符值
U		20	30
V		21	31
W		22	32
X		23	33
Y		24	34
Z		25	35

任何运算都按公式进行,校验码在字符串的最右端。

1) 带一位校验码的纯系统的计算方法

在带有一位校验码的纯系统中,校验码的计算方法有两种:递归法和多项式法,两种方法的计算结果一致。

(1) 递归法

在递归法中,字符串的字符从左到右逐位处理,用 $j=1,\cdots,n$ 来表示下标,n 为包括校验码在内的字符串中字符的数目。当 $j=1$ 时,$P_j = M$。计算如下:

$$S_j = P_j + a_{n-j+1}$$
$$P_{j+1} = S_j \times r$$

式中,a_{n-j+1} 为 $n-j+1$ 位置上的数值的字符值;r 为底数。

如果 $S_n \equiv 1 \pmod{M}$,由字符串满足校验要求。选择校验码 a_1 时,应使之满足公式 $P_n + a_1 \equiv 1 \pmod{M}$。

示例:假定使用校验码系统 ISO 7064 MOD 11-2 为字符串 0794 设置一个校验码,此时,$M=11$,$r=2$,$n=5$(4 位字符加 1 位校验码)。运算过程见表 5-12。

表 5-12　　　　　　　　　递归法校验码运算过程

步骤 j	前次运行结果 + 下一字符值 = 中间和 $P_j + a_{n-j+1} = S_j$	中间和 × 底数 = 运算结果 $S_j \times r = P_{j+1}$
1	0 + 0 = 0	0 × 0 = 0
2	0 + 7 = 7	7 × 2 = 14
3	14 + 9 = 23	23 × 2 = 46

步骤 j	前次运行结果 + 下一字符值 = 中间和 $P_j + a_{n-j+1} = S_j$	中间和 × 底数 = 运算结果 $S_j \times r = P_{j+1}$
4	46 + 4 = 50	50 × 2 = 100
5	100 + 校验码值要与 1（mod 11）同余	

此处结果为 $P_n = 100$，加上校验码的值必须与 1（mod 11）同余，而 100 本身就与 1（mod 11）同余，因此校验码值为零，整个受保护的字符串则为 0794 0，校验码加在字符串的最右边。

为了校验该字符串是否正确，如上所示，再按步骤 $j = 1 \sim 5$ 进行计算，将校验码值 0 也包括在内，如果运算结果与 1（mod 11）同余，则证明该字符串是正确的。

如果计算过程中任一步的结果或是中间和大于模数 M，用其余数继续运算。在 ISO 7064 MOD 11-2 系统中，有效的校验码值为 0~10，如果校验码的值为 10，就由字符"X"表示。

(2) 多项式法

多项式法采用 r^{i-1} 或 $r^{i-1}(\text{mod } M)$ 的值乘以字符串中每一字符值来计算。表 5-13 列出了所有纯系统的 $r^{i-1}(\text{mod } M)$ 的前 15 个值。

表 5-13　　　　　　　　　　纯系统的权系数

位置序号	15 14 13 12 11	10 9 8 7 6	5 4 3 2 1
ISO 7064 MOD 11-2	5 8 4 2 1	6 3 7 9 10	5 8 4 2 1
ISO 7064 MOD 37-2	30 15 26 13 25	31 34 17 27 32	16 8 4 2 1
ISO 7064 MOD 97-10	53 15 50 5 49	34 81 76 27 90	9 30 3 10 1
ISO 7064 MOD 661-26	129 488 273 341 547	199 389 498 70 562	225 390 15 261
ISO 7064 MOD 1271-36	769 904 590 87 532	156 428 718 373 893	625 900 25 36 1

注：此处列出前 15 个位置的系数，其余的可用下列公式无限扩展：
$r^{i-1}(\text{mod } M)$，W_i 为位置序号 i 的系数。

将字符串与它们的权数相乘，再将结果相加，如果这些结果之和与 1（mod M）同余，则包含校验码内的字符串是有效的。

示例：假定使用校验码系统 ISO 7064 MOD 11-2 为字符串 0794 设置一个校验码。运算过程见表 5-14。

表 5-14　　　　　　　　　多项式法校验码运算

字符位置 i	5	4	3	2	1
权数 2^{i-1}（mod 11）	5	8	4	2	1
字符值 a_i	0	7	9	4	
乘积	0	56	36	8	
乘积的和	\multicolumn{5}{c}{0 + 56 + 36 + 8 = 100}				

总和 100 加上校验码必须与 1（mod 11）同余，而 100 本身就与 1（mod 11）同余，因此校验码值为零，整个受保护的字符串则为 0794 0，校验码加在字符串的最右边。

2）带两位校验码的纯系统的计算方法

这些系统与含一位校验码的系统的计算方法完全一致，只需再加一步，除了底数是 10 的系统求出两个字符值作为校验码。用底数除运算结果得到的整商数即为 $i = 2$ 位置上的校验码值，余数则是 $i = 1$ 位置上的校验码值。

下面是递归法应用的一个例子：用 ISO 7064 MOD 1271-36 系统计算字符串 "ISO79" 的两个校验码，字母数字的字符值在表 5-11 中给出。运算步骤的前 6 步见表 5-15。

表 5-15　　　　　　　　　两位校验码的计算步骤

步骤 j	前次运行结果 + 下一字符值 = 中间和 $P_j + a_{n-j+1} = S_j$	中间和 × 底数 = 运算结果 $S_j \times r = P_{j+1}$	作为下次运算值的结果（mod 1271）P_{j+1}（mod M）
1	0 + 18 = 18	18 × 36 = 648	648
2	648 + 28 = 676	676 × 36 = 24336	187
3	187 + 24 = 211	211 × 36 = 7596	1241
4	1241 + 7 = 1248	1248 × 36 = 44928	443

步骤 j	前次运行结果 + 下一字符值 = 中间和 $P_j + a_{n-j+1} = S_j$	中间和 × 底数 = 运算结果 $S_j \times r = P_{j+1}$	作为下次运算值的结果 (mod 1271) P_{j+1} (mod M)
5	443 + 9 = 452	452 × 36 = 16272	1020
6	1020 + 0[1)] = 1020	1020 × 36 = 36720	1132

被第一个校验码占据的这一位置在这一步时仍是空的,所以其值为零。

第 7 步:为了计算校验码值,用 $M+1$ 减去最后的 P_{j+1} 值:

$$1271 + 1 = 1272$$
$$1272 - 1132 = 140$$

为了得到单个的校验码值,用 140 除以底数 36,商数是 3,整余数为 32。

这样,商数 3 即为位置 $i=2$ 处的校验码值,整余数 32 为位置 $i=1$ 处的校验码值。按表 5-13,3 与 32 分别对应着字符 3 和字符 W,因而带有校验码的完整字符串为 ISO 79 3W。

2. 混合系统的校验码标准系统

混合系统在运算中采用了两个模数,其中一个等于被保护的字符集中的字符数,另一个模数比它大 1,形成的校验码位于被保护的字符串组成的字符集内,见表 5-16。

表 5-16　　　　　　　　　　　　混合系统

校验码系统表示法[1)]	应用	字符数目及类型
ISO 7064 MOD 11,10	数字串	1 位数字
ISO 7064 MOD 27,26	字母串	1 位字母
ISO 7064 MOD 37,36	字母数字串	1 位数字或字母

在系统表示法中,紧跟在 MOD 后面的两个数字是两个模数。

在混合系统中,校验码的位置也设在字符串的最右端。在混合系统中,采用递归法计算校验码及验证含校验码的字符串。

在递归法中,字符串的字符从左到右逐个处理。用 $j=1,\cdots,n$ 来表示，n 为包括校验码在内的字符串中字符的数目。当 $j=1$ 时，定义 $P_j = M$。公式如下：

$$S_j = P_j \mid_{M+1} + a_{n-j+1}$$
$$P_{j+1} = S_j \parallel_M \times 2$$

式中，$\parallel_M$ 表示除以 M 后的整余数，如果为 0，则用 M 代替；$\mid_{M+1}$ 表示除以 $M+1$ 后的整余数，在经过上述处理后，该余数不会为 0；a_{n-j+1} 为 $n-j+1$ 位置上的数值的字符值。

验证：如果 $S_n \equiv 1 \pmod{M}$，则字符串正确。确定校验码 a_1 时，应使之满足 $P_n + a_1 \equiv 1 \pmod{M}$。

例如，假定用系统 ISO 7064 MOD 11, 10 为字符串 0794 设置校验码，其中 $M=10$，$M+1=11$，$n=5$（4 位字符加 1 位校验码）。计算步骤如表 5-17 所示。

表 5-17　　　　　混合系统递归法校验码计算步骤

步骤 j	前次运行结果 + 下一字符值 = 中间和 $P_j + a_{n-j+1} = S_j$	调整中间和 ×2 = 结果中间和 $S_j \parallel_{10} \times 2 = P_{j+1}$	调整后作为下次运算的结果 $P_{j+1} \mid_{11}$
1	10 + 0 = 10	10 × 2 = 20	9
2	9 + 7 = 16	6 × 2 = 12	1
3	1 + 9 = 10	10 × 2 = 20	9
4	9 + 4 = 13	3 × 2 = 6	6
5	6 + 校验码的值应与 1 (mod 10) 同余		

由上式得到的校验码值为 5，完整的字符串为 0794 5，校验码放在原字符串的最右端。验证时，第 1 步至第 5 步如表 5-17 所示，且校验码值 5 的计算也包括在内，最后结果必须与 1 (mod 10) 同余。

第6章 EAN·UCC 系统的物品编码与载体

EAN·UCC 系统也被称为全球统一标识系统。该系统是以对贸易项目、物流单元、位置、资产、服务关系等进行编码为核心的集条码、射频等自动数据采集、电子数据交换、全球产品分类、全球数据同步、产品电子代码（EPC）等系统为一体的、服务于物流供应链的开放性标准体系，已经广泛地应用于全球商业流通、物流供应链管理以及电子商务过程中。

EAN·UCC 系统具有系统性、科学性、全球统一性、可维护性、可扩展性的特点。

第一，它具有一套完整的编码体系。EAN·UCC 系统建立了一整套标准的全球统一的编码（标识代码）体系，对物流供应链上的物流参与方、贸易项目、物流单元、物理位置、资产、服务关系等进行编码，为采用高效、可靠、低成本的自动识别和数据采集技术奠定了基础。

第二，EAN·UCC 系统的系统性体现在它采用条码、射频标签等为载体，以自动数据采集技术为支撑，为实物流和信息流的同步提供了必要的技术前提。

第三，EAN·UCC 系统的系统性还体现在它是通过流通领域电子数据交换规范进行信息交换（EANCOM）的。EANCOM 是联合国 EDIFACT 的子集。EANCOM 以 EAN·UCC 系统国际通用代码（全球贸易项目代码 GTIN、系列货运包装箱代码 SSCC、全球位置码 GLN 等）为基础，在全球零售业有广泛的应用，并已扩展到金融和运输领域。

所以，EAN·UCC 系统从物流信息的标识层、交换层和采集层为物流信息系统的建设和应用提供了完整的解决方案（见图6-1）。

EAN·UCC 系统的科学性体现在该系统对不同的编码对象采用不同的编码结构，并且根据物流过程自身的特点，各编码结构具有整合性。

EAN·UCC 系统的全球统一性体现在该系统广泛应用于全球流通领域，已经成为事实上的国际标准。

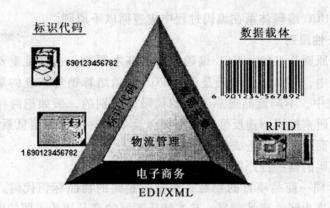

图6-1 EAN·UCC系统提供供应链的解决方案

EAN·UCC系统的可扩展性体现在EAN·UCC系统具有可持续发展性，随着信息技术的发展和应用，该系统也在不断地发展。EPC技术的产生和应用就是该系统可扩展性的体现。

本章重点介绍EAN·UCC系统的物品编码标准及相应的载体。

6.1 EAN·UCC编码体系

EAN·UCC编码体系包含了对流通领域的所有产品与服务（包括贸易项目、物流单元、资产、位置和服务关系等）的标识代码及附加属性代码，如图6-2所示。附加属性代码不能脱离标识代码而独立存在。

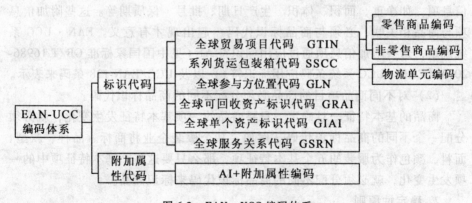

图6-2 EAN·UCC编码体系

EAN·UCC 编码体系在编码过程中应遵循以下原则。

1. 惟一性原则

惟一性原则是 EAN·UCC 编码体系的基本原则，也是最重要的一项原则。该体系中，对商品的编码是商业 POS 自动结算销售系统的基础。在商业 POS 系统中，不同商品是靠不同的代码来识别的，假如把两种不同的物品用同一代码来标识，违反惟一性原则，会导致物品管理信息系统的混乱，甚至给销售商或消费者造成经济损失。

商品编码的惟一性原则包括以下几个方面的含义。

（1）对同一商品项目的物品必须分配相同的物品标识代码。基本特征相同的商品视为同一商品项目，基本特征不同的商品视为不同的商品项目。

商品的基本特征主要包括商品名称、商标、种类、规格、数量、包装类型等。但需要说明的是，不同行业商品的基本特征往往不尽相同，且不同的单个企业还可根据自身的管理需求设制不同的基本特征项。

例如，服装行业可以把服装的基本特征归纳为品种、款型、面料、颜色、规格等几项；而单个服装企业在确定究竟依据哪些基本特征项来为服装产品分配商品标识代码时，还可根据自身管理需求的特点，在此基础上增加附加特征项或做适当的修改，如增加"商标"为基本特征项，或只将品种、款型、面料作为基本属性，而不必考虑颜色、规格项。再比如，药品类商品的基本特征可基本归纳为商标、品种、规格、包装规格、款型、生产标准等几项。

应特别注意，商品的基本特征项是划分商品所属类别的关键因素，往往对商品的定价起主导作用，因此，它不同于为商品流通跟踪用所设制的附加信息项，如净重、面积、体积、生产日期、批号、保质期等。这些附加信息项与商品相关联，必须与商品标识代码一起出现才有意义。EAN·UCC 系统规定，这些附加信息项通过应用标识符 AI（见中国国家标准 GB/T 16986-2003《EAN·UCC 系统条码应用标识符》）以及 UCC/EAN-128 条码来表示。

（2）对不同商品项目的商品必须分配不同的商品标识代码。

商品的基本特征一旦确定，只要商品的一项基本特征发生变化，就必须分配一个不同的商品标识代码。例如，某个服装企业将商标、品种、款型、面料、颜色作为服装的五个基本特征项，那么只要这五个基本特征项中的一项发生变化，就必须分配不同的商品标识代码来标识商品。

2. 稳定性原则

稳定性原则是指商品标识代码一旦分配，只要商品的基本特征没有发生变化，就应保持不变。同一商品项目，无论是长期连续生产还是间断式生产，都必须采用相同的标识代码。即使该商品项目停止生产，其标识代码应至少在 4 年之内不能用于其他商品项目上。另外，即使商品已不在供应链中流通，由于要保存历史记录，需要在数据库中长期地保留它的标识代码。因此，在重新启用商品标识代码时，还需要考虑此因素。

3. 无含义性原则

无含义性原则是指商品标识代码中的每一位数字不表示任何与商品有关的特定信息。有含义的编码通常会导致编码容量的损失。EAN·UCC 系统中的物品编码体系中商品项目代码没有特定的含义。

在上述原则的指导下，对物品进行相应的编码，每种编码方法都有其特定的编码数据结构。

6.1.1 全球贸易项目代码

全球贸易项目代码（GTIN）是目前 EAN·UCC 编码体系中应用最广泛的标识代码。GTIN 有 4 种不同的编码数据结构：EAN/UCC-14、EAN/UCC-13、EAN/UCC-8 和 UCC-12，每种编码结构对不同包装形态的商品进行惟一编码（见表 6-1）。

选择何种编码结构取决于贸易项目的特征和用户的应用范围。其中，EAN/UCC-14、EAN/UCC-13 和 UCC-12 可用于非零售商品的标识，EAN/UCC-13、EAN/UCC-8 和 UCC-12 主要对零售商品进行标识。

表 6-1　　　　　　　　　　编码结构一览表

	N_1	$N_2\ N_3\ N_4\ N_5\ N_6\ N_7\ N_8\ N_9\ N_{10}\ N_{11}\ N_{12}\ N_{13}$	N_{14}
EAN/UCC-14 编码结构	指示符	内含贸易项目的 EAN·UCC 标识代码（不含校验码）	校验码
EAN/UCC-13 编码结构		厂商识别代码　　　　　商品项目代码	校验码
	$N_1\ N_2\ N_3\ N_4\ N_5\ N_6\ N_7\ N_8\ N_9\ N_{10}\ N_{11}\ N_{12}$		N_{13}
UCC-12 编码结构	厂商识别代码　　　　　商品项目代码		校验码

EAU/UCC-8 编码结构	N_1 N_2 N_3 N_4 N_5 N_6 N_7 N_8 N_9 N_{10} N_{11}	N_{12}
	带有前缀码的 EAN/UCC-8 商品项目代码	校验码
	N_1 N_2 N_3 N_4 N_5 N_6 N_7	N_8

指示符：只在 EAN/UCC-14 中使用指示符。指示符的赋值区间为 1~9，其中，1~8 用于定量贸易项目，9 用于变量贸易项目。最简单的编码方法是从小到大依次分配指示符的数字，即将 1、2、3 等依次分配给贸易单元的每个组合。

厂商识别代码：前两位 N_1、N_2 或前三位 N_1、N_2、N_3 组成了 EAN·UCC 编码系统的前缀码，它是由全球第一商务标准化组织（GS1，前身为 EAN）分配给成员组织的代码，只表示分配厂商识别代码的 GS1 成员组织，并不表示该贸易项目在该成员组织的所在国家（地区）生产或销售。

EAN·UCC 编码体系的前缀码和厂商代码组成了厂商识别代码。在我国，中国物品编码中心 ANCC（article numbering center of China）根据厂商的需要负责为其分配厂商识别代码。厂商识别代码由 7~9 位数字组成。

商品项目代码：商品项目代码由 1~6 位数字组成，是无含义代码。即项目代码中的每一个数字既不表示分类，也不表示任何特定信息。分配项目代码最简单的方法是以流水号的形式为每一个贸易项目编码。

EAN/UCC-8 商品项目代码带有前缀码。

校验码：GTIN 最右端的末位数字。它是通过代码中的其他所有数字计算得出的，主要是用来确保正确识读条码或正确组成代码。

1. EAN/UCC-13 代码

EAN/UCC-13 代码由 13 位数字组成，其条码符号载体为 EAN-13 条码。另外，为了表示产品更多的信息，可以用应用标识符 AI，对应的条码符号为 UCC/EAN-128 条码。

在我国，EAN/UCC-13 代码有三种结构，每种代码由三部分组成，具体如表 6-2 所示。

表 6-2　　　　　EAN/UCC-13 代码的三种结构

结构种类	包含前缀码的厂商识别代码	商品项目代码	校验码
结构一	$X_{13}X_{12}X_{11}X_{10}X_9X_8X_7$	$X_6X_5X_4X_3X_2$	X_1
结构二	$X_{13}X_{12}X_{11}X_{10}X_9X_8X_7X_6$	$X_5X_4X_3X_2$	X_1
结构三	$X_{13}X_{12}X_{11}X_{10}X_9X_8X_7X_6X_5$	$X_4X_3X_2$	X_1

前缀码：前缀码由 GS1 统一分配和管理，GS1 分配给中国的前缀码由 3 位数字组成，即 690~695。

根据其前缀码的不同，EAN/UCC-13 的数据结构有如下两种：

（1）当前缀码为 690、691 时，EAN/UCC-13 的代码结构如图 6-3 所示。

图 6-3　EAN/UCC-13 代码结构一

（2）当前缀码为 692、693、694 时，EAN/UCC-13 的代码结构如图 6-4 所示。

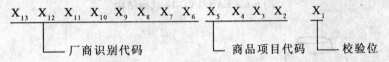

图 6-4　EAN/UCC-13 代码结构二

图 6-3 和图 6-4 中的厂商识别代码是由中国物品编码中心统一分配给申请厂商的。商品项目代码由厂商根据有关规定自行分配。校验码是用来校验其他代码编码的正误的，它有固定的计算方法。

2. EAN/UCC-8 代码

EAN/UCC-8 代码是 EAN/UCC-13 代码的一种补充，用于标识小型商品。EAN/UCC-8 代码由 8 位数字组成，其结构中无厂商识别代码（见图 6-5）。

商品项目代码	校验码
$X_8X_7X_6X_5X_4X_3X_2$	X_1

图 6-5　EAN/UCC-8 代码结构

商品项目代码：GS1 在其分配的前缀码（$X_8X_7X_6$）的基础上分配给厂商特定商品项目的代码，由7位数字组成。

校验码：用来校验其他代码编码的正误。与 EAN/UCC-13 代码的校验码计算方法相同，计算时，只需在 EAN/UCC-8 代码前添加5个"0"，然后按照 EAN/UCC-13 代码中的校验位计算即可。

EAN/UCC-8 代码的条码符号载体为 EAN-8 条码。另外，为了表示产品更多的信息，可以使用应用标识符 AI，对应的条码符号为 UCC/EAN-128 条码。

3. EAN/UCC-14 代码

EAN/UCC-14 代码用于非零售贸易项目，即由相同贸易项目组成的包装单元。如装有12瓶规格为400毫升洗发水的箱子。EAN/UCC-14 代码结构如图6-6所示。其中，指示符的赋值区间为1~9，1~8用于定量的非零售商品，9用于变量的非零售商品。最简单的方法是按顺序分配指示符，即将1、2、3等分别分配给非零售商品的不同级别的包装组合。图6-7给出了不同包装等级的商品的编码方案示例。

指示符	内含商品的标识代码（不含校验码）												校验码
N_1	N_2	N_3	N_4	N_5	N_6	N_7	N_8	N_9	N_{10}	N_{11}	N_{12}	N_{13}	N_{14}

图 6-6 EAN/UCC-14 代码结构

EAN/UCC-13:6901234000047

EAN/UCC-14:16901234000044 或
EAN/UCC-13: 6901234000054

EAN/UCC-14:26901234000041 或
EAN/UCC-13:6901234000061

图 6-7 不同包装等级的商品的编码方案

4. UCC-12 代码

UCC-12 代码用 UPC-A 商品条码和 UPC-E 商品条码的符号表示。UPC-A 由 12 位（最左边加 0 可视为 13 位）数字组成，其结构如图 6-8 所示。

厂商识别代码和商品项目代码	校验字符
X_1　X_2　X_3　X_4　X_5　X_6　X_7　X_8　X_9　X_{10}　X_{11}	X_{12}

图 6-8　UPC-A 编码结构

厂商识别代码：由 GS1 的成员组织美国统一代码委员会 UCC 分配给厂商的代码，由左起 6～10 位数字组成。其中，X_{12} 为系统字符，其应用规则见表 6-3。

表 6-3　　　　　　　　厂商识别代码应用规则

系统字符	应用范围
0，6，7	一般商品
2	商品变量单元
3	药品及医疗用品
4	零售商店内码
5	优惠券
1，8，9	保留

UCC 起初只分配 6 位定长的厂商识别代码，后来为了充分利用编码容量，于 2000 年开始，根据厂商对未来产品种类的预测，分配 6～10 位可变长度的厂商识别代码。

系统字符 0、6、7 用于一般商品，通常为 6 位厂商识别代码；系统字符 2、3、4、5 的厂商识别代码用于特定领域（2、4、5 用于内部管理）的商品；系统字符 8 用于非定长的厂商识别代码的分配，其厂商识别代码位数如下所示：

80：6 位　　　　84：7 位
81：8 位　　　　85：9 位
82：6 位　　　　86：10 位
83：8 位

商品项目代码：由厂商编码，由 1~5 位数字组成，编码方法与 EAN/UCC-13 相同。

校验码：校验码为 1 位数字。在 UCC-12 最左边加 0 即视为 13 位代码，计算方法与 EAN/UCC-13 代码相同。

如果将系统字符为"0"的 UCC-12 代码进行消零压缩，压缩成 8 位数字，从而成为 UPC-E 编码结构。UPC-E 编码结构如图 6-9 所示。

编码系统字符	商品信息字符	校验字符
X_8	$X_7 X_6 X_5 X_4 X_3 X_2$	X_1

图 6-9 UPC-E 编码结构

UCC-12 代码进行消零压缩的方法见表 6-4。其中，$X_8 \sim X_2$ 为商品项目代码，X_8 为系统字符，取值为 0；X_1 为校验码，校验码为消零压缩前 UCC-12 的校验码。

表 6-4　UCC-12 转换为 UPC-E 商品条码的代码压缩方法

UCC-12 代码				UPC-E 商品条码的代码	
厂商识别代码		商品项目代码	校验码	商品项目代码	校验码
X_{12}	$X_{11}X_{10}X_9X_8X_7$	$X_6X_5X_4X_3X_2$			
0	$X_{11}X_{10}000$ $X_{11}X_{10}100$ $X_{11}X_{10}200$	$00X_4X_3X_2$	X_1	$0X_{11}X_{10}X_4X_3X_2X_9$	X_1
	$X_{11}X_{10}300$ ⋮ $X_{11}X_{10}900$	$000X_3X_2$		$0X_{11}X_{10}X_9X_3X_2 3$	
	$X_{11}X_{10}X_9 10$ ⋮ $X_{11}X_{10}X_9 90$	$0000X_2$		$0X_{11}X_{10}X_9X_8X_2 4$	
	无零结尾 ($X_7 \neq 0$)	00005 ⋮ 00009		$0X_{11}X_{10}X_9X_8X_7X_2$	

需要指明的是，表 6-4 所示的消零压缩方法是人为规定的算法。

由表 6-4 可以看出，以 000、100、200 结尾的 UCC-12 代码转换为 UPC-E 代码结构后，商品项目代码 $X_4 X_3 X_2$ 有 000～999 共 1 000 个编码容量，可标识 1 000 种商品项目；同理，以 300～900 结尾的可标识 100 种商品项目；以 10～90 结尾的可标识 10 种商品项目；以 5～9 结尾的可标识 5 种商品项目。可见，UPC-E 代码结构的 UCC-12 代码可用于商品编码的容量非常有限，因此，厂商识别代码第一位为"0"的厂商必须谨慎地管理他们有限的编码资源。只有以"0"开头的厂商识别代码的厂商确有实际需要，才能使用 UPC-E 代码结构。

需要特别说明的是，在识读设备读取 UPC-E 商品条码时，由条码识读软件或应用软件把压缩的 8 位标识代码按表 6-4 所示的逆算法还原成全长度的 UCC-12 代码。条码系统的数据库中不存在 UPC-E 表示的 8 位数字代码。

示例：设某编码系统字符为"0"，厂商识别代码为"012300"，商品项目代码为"00064"，将其压缩后用 UPC-E 的代码表示。

查表 6-4，由于厂商识别代码是以"300"结尾，首先取厂商识别代码的前三位数字"123"，后跟商品项目代码的后两位数字"64"，再其后是"3"。计算压缩前 12 位代码的校验字符为"2"。因此，UPC-E 的代码为"01236432"。

需要指出的是，在通常情况下，不选用 UPC 商品条码。当产品出口到北美地区并且客户指定时，才申请使用 UPC 商品条码。中国厂商如需申请 UPC 商品条码，需经中国物品编码中心统一办理。

6.1.2 资产标识代码

1. 全球可回收资产标识代码

可回收资产是指具有一定价值、可再次使用的包装或运输设备。如啤酒桶、高压气瓶、塑料托盘或板条箱。在 EAN·UCC 系统中，用全球可回收资产标识（GRAI）代码对该类物品进行编码。GRAI 代码结构如图 6-10 所示。

资产标识符：由资产标识代码和一个可选择的系列号组成，如图 6-10 所示。资产标识代码由相应公司的厂商识别代码和资产类型代码组成。同一种可回收资产，其资产标识代码是相同的。资产标识符不能用作其他目的，而且其惟一性应保持到有关的资产记录使用寿命终止后的一段时间。

应用标识符	资产标识符			
	EAN/UCC-13 数据结构		检验码	系列号（可选择）
	厂商识别代码 →	← 资产类型代码		
8003	$N_1 N_2 N_3 N_4 N_5 N_6 N_7 N_8 N_9 N_{10} N_{11} N_{12}$		N_{13}	X_1 ←——可变长度——→ X_{16}

图 6-10 GRAI 代码结构

资产类型代码：由管理实体分配给资产的某个特定类型的代码。

系列号：由管理实体分配给单个对象。该代码表示特定资产类型中的一件资产，该字段是数字字母型的，用于区分同一资产类型中的单个资产。

GRAI 代码结合应用标识符 AI（8003）一起使用，对应的条码符号载体是 UCC/EAN-128 条码。

2. 全球单个资产标识代码

全球单个资产被认为是具有任何特性的物理实体。在 EAN·UCC 系统中，用全球单个资产标识（GIAI）代码对一个特定厂商的财产部分的单个实体进行惟一标识。GIAI 代码结构如图 6-11 所示。其典型应用是记录飞机零部件的生命周期。可从资产购置到其退役，对资产进行全过程跟踪。

应用标识符	单个资产代码	
	厂商识别代码 →	← 单个资产参考代码
8004	N_1 … N_i	X_{i+1} …（可变长度）$X_{j(j\leqslant 30)}$

图 6-11 GIAI 代码结构

为了表示单个资产更多的信息，可将全球单个资产标识代码与应用标识符 AI（8004）结合使用。GIAI 代码对应的条码符号载体是 UCC/EAN-128 条码。

6.1.3 全球服务关系标识代码

全球服务关系标识（GSRN）代码用于标识服务关系中的接受服务者。EAN·UCC 系统为服务提供方提供了一个准确惟一的标识代码，用以对其服务接受者进行管理。GSRN 代码结构如图 6-12 所示。

应用标识符	EAN·UCC 系统服务关系代码		校验码
	厂商识别代码 →	← 服务项目代码	
8018	$N_1 N_2 N_3 N_4 N_5 N_6 N_7 N_8 N_9 N_{10} N_{11} N_{12} N_{13} N_{14} N_{15} N_{16} N_{17}$		N_{18}

图 6-12 GSRN 代码结构

GSRN 可用来标识以下的服务关系：

（1）医院准入，用来标识病人，以便记录本房费、医疗检查、病人费用等。

（2）标识旅客计划会员，用于记录奖励、要求、优先权等。

（3）标识忠实会员，用于记录来访、购买金额、奖品等。

（4）标识俱乐部会员，用于记录会员权利、设施的使用情况、订金等。

（5）用于管理服务协议，如电视或计算机维修服务。

GSRN 与应用标识符 AI（8018）结合使用。对应的条码符号载体是 UCC/EAN-128 条码。

6.1.4　全球参与方位置代码

EAN·UCC 系统全球参与方位置代码——全球位置码（GLN）是用于物理实体、功能实体或法律实体的惟一标识。法律实体是指合法存在的机构，如供应商、客户、银行、承运商等。功能实体是指法律实体内的具体部门，如某公司的财务部。物理实体是指具体的位置，如建筑物的某个房间、仓库或仓库的某个门、交货地等。

GLN 代码结构用 EAN/UCC-13 数据结构来实现，如图 6-13 所示。

全球位置码		校验码
厂商识别代码 →	← 位置参考代码	
$N_1 N_2 N_3 N_4 N_5 N_6 N_7 N_8 N_9 N_{10} N_{11} N_{12}$		N_{13}

图 6-13 GLN 代码结构

当用条码符号表示位置码时，GLN 代码应与应用标识符 AI 一起使用。条码符号采用 UCC/EAN-128 条码。GLN 编码应用标识符见表 6-5。

表 6-5　　　　　　　　　GLN 编码应用标识符

GLN 编码应用标识符	表示形式	含义
410	410 + 全球参与方位置编码	交货地
411	411 + 全球参与方位置编码	受票方
412	412 + 全球参与方位置编码	供货方
413	413 + 全球参与方位置编码	货物最终目的地
414	414 + 全球参与方位置编码	物理位置
415	415 + 全球参与方位置编码	开票方

6.1.5　系列货运包装箱代码

系列货运包装箱代码（SSCC）是为物流单元（运输和/或储藏）提供惟一标识的代码。物流单元是指为需要通过供应链进行管理和运输和/或存储而设立的任何商品包装单元。一箱有不同颜色和尺寸的 12 件裙子和 20 件夹克的组合包装、一个含有 40 箱饮料的托盘（每箱 12 盒装）都可视为一个物流单元。

为实现对物流单元的有效跟踪和高效运输，每个物流单元都必须有一个惟一标识。通过此标识可用电子方式得到其全部的必要信息。物流单元代码就是为了跟踪和追溯供应链中的物流单元而编制的代码。通过物流与相关信息的链接，可跟踪并追溯每个物流单元的物理移动，并为高效的物流管理创造条件，如直接换装、运输线路安排、自动收货。

在 EAN·UCC 系统中，物流单元通过系列货运包装箱代码（SSCC）来标识。SSCC 是无含义、定长的 18 位数字代码，不包含分类信息。SSCC-18 的编码结构如图 6-14 所示。

每个物流单元需要分配一个惟一的 SSCC，也就是说，每个物流单元的 SSCC 均不相同，即使物流单元包含相同的贸易项目，也要求用不同的 SSCC。

供应链各参与方都可用它来访问计算机内的有关信息。SSCC 与 EDI 和 XML 结合使用，把信息流和物品流有机地连接起来，可大大提高货物装船、运输和接收的效率。

应用标识符	系列货运包装箱代码			
	扩展位	厂商识别代码	参考代码	校验码
00	N_1	$N_2 N_3 N_4 N_5 N_6 N_7 N_8 N_9 N_{11} N_{12} N_{13} N_{14} N_{15} N_{16} N_{17}$		N_{18}

图 6-14 SSCC-18 的编码结构

应用标识符：应用标识符 00 为系列货运包装箱代码，对每个货运包装箱进行标识。

扩展位 N_1：即包装类型，用于增加 SSCC 的容量，取值范围为 0~9，由编制 SSCC 的厂商自行分配。如 0 表示纸盒；1 表示托盘；2 表示包装箱。

厂商识别代码：在我国由中国物品编码中心负责分配和管理，由 7~9 位数字组成。

校验码：校验码为 1 位数字。

系列参考代码：由具有厂商识别代码的厂商分配的系列号。

SSCC 用 UCC/EAN-128 条码来表示时，必须与应用标识符 AI（00）一起使用。

6.1.6 附加属性代码

EAN·UCC 系统附加信息编码以确定的格式、明确的含义表示与具体产品或服务相关的附加信息。如描述具体贸易项目单元的生产批号、有效期或是某个具体物流单元的长宽高尺寸、包装容量等附加属性信息的编码。EAN·UCC 系统附加信息编码由应用标识符（AI）指示附加信息编码的含义及格式，每项附加信息编码由"应用标识符（AI）+附加信息代码"组成。

应用标识符（AI）由 2 位或 2 位以上的数字组成，用于指示紧跟其后的数据域编码的含义和格式。

应用标识符之后的附加信息代码由字母和/或数字字符组成，最长为 30 个字符。数据域可为固定长度，也可为可变长度，这取决于应用标识符。

应用标识符（AI）的使用受规则的支配。有些 AI 必须同另一些 AI 共同出现，如 AI（02）之后就必须紧跟 AI（37）。有些 AI 不应同时出现，如 AI（01）和 AI（02）。使用中，应严格遵守相关国家标准的规定。

例如，应用标识符 AI "11" 指示数据域的含义为贸易项目的生产日期，其字符串格式如表 6-6 所示。

表 6-6　　　　　　　　　AI "11" 的字符串格式

AI	字符串格式		
	生产日期		
11	年	月	日
	N_1N_2	N_3N_4	N_5N_6

当 N_1N_2 为 03、N_3N_4 为 12、N_5N_6 为 07 时，标识该贸易项目的生产日期为 2003 年 12 月 7 日。

目前，EAN·UCC 系统拥有 100 多个应用标识符，指示贸易项目、物流单元、位置、资产等各类产品与服务的附加属性代码的含义和结构。条码应用标识符的含义见表 6-7。

表 6-7　　　　　　　　　条码应用标识符的含义

应用标识符	含　义	格　式
00	系列货运包装箱代码 SSCC-18	n2 + n18
01	货运包装箱代码 SCC-14	n2 + n14
10	批号或组号	n2 + an..20
11[①]	生产日期（年、月、日）	n2 + n6
13[①]	包装日期（年、月、日）	n2 + n6
15[①]	保质期（年、月、日）	n2 + n6
17[①]	有效期（年、月、日）	n2 + n6
20	产品变体	n2 + n2
21	连续号	n2 + an..20
22	数量、日期、批号（医疗保健业用）	n2 + an..29
23[②]	组号（过渡用）	n3 + n..19
240	由厂商分配的附加的产品标识	n3 + an..30

第6章 EAN·UCC系统的物品编码与载体

续表

应用标识符	含 义	格 式
250	第二级连续号	n3 + an..30
30	数量	n2 + n..8
310③	净重，kg	n4 + n6
311③	长度或第一尺寸，m	n4 + n6
312③	宽度、直径或第二尺寸，m	n4 + n6
313③	高度、厚度、深度或第三尺寸，m	n4 + n6
314③	面积，m^2	n4 + n6
315③	净容积，L	n4 + n6
316③	净体积，m^3	n4 + n6
320③	净重，lb	n4 + n6
330③	总重，kg	n4 + n6
331③	长度或第一尺寸，m（运输配给系统用）	n4 + n6
332③	宽度、直径或第二尺寸，m（运输配给系统用）	n4 + n6
333③	高度、厚度、深度或第三尺寸，m（运输配给系统用）	n4 + n6
334③	面积，m^2（运输配给系统用）	n4 + n6
335③	总容积，L（运输配给系统用）	n4 + n6
336③	总体积，m^3（运输配给系统用）	n4 + n6
340③	总重，lb（运输配给系统用）	n4 + n6
356③	净重，oz	n4 + n6
400	客户购货订单号码	n3 + an..30
410	以 EAN-13 表示的交货地点的（运抵）位置码	n3 + n13
411	以 EAN-13 表示的受票（发票）方位置码	n3 + n13
412	以 EAN-13 表示的供货方的位置码	n3 + n13
414	表示贸易实体的 EAN 位置码	n3 + n13
420	收货方与供货方在同一国家(或地区)收货方的邮政编码	n3 + an..9
421	前置三位 ISO 国家(或地区)代码收货方的邮政编码	n3 + n3 + an..9

续表

应用标识符	含 义	格 式
8001	卷状产品-长、宽、内径、方向、叠压层数	n4 + n14
8002	蜂窝式移动电话的电子系列号	n4 + an..20
8003	可重复使用的资产 UPC/EAN 代码与连续号	n4 + n14 + an..16
90	双方认可的内部使用	n2 + an..30
91	公司内部使用	n2 + an..30
96	货运公司（内部用）	n2 + an..30
97	公司内部使用	n2 + an..30
98	公司内部使用	n2 + an..30
99	内部使用	n2 + an..30

注：①当只表示年和月，不表示具体日时，日以"00"代替；

②另加一位长度指示符；

③另加一位小数点指示符。

6.1.7 特殊应用

1. 图书编码

图书作为一种商品，不仅具有商品的一般属性，而且流动量大、流速快、流通范围广、流经环节多。随着计算机技术的发展，人们已厌倦图书销售过程中的手工记账和图书借阅管理中的手工检索和登单，渴望有一种现代化的手段把人们从繁杂的手工操作中解脱出来。条码的出现恰恰满足了人们的这种愿望，它作为准确、快速、有效的数据输入手段，已经渗透到计算机应用的各个领域。近年来，为了实现图书销售自动扫描结算，实施现代化的管理手段，有必要给每一本书分配一个统一的代码，为图书的流通和管理提供通用的语言。

为此，GS1 与国际标准书号（international standard book number, ISBN）中心达成了一致协议，把图书作为特殊的商品，将 EAN 前缀码 978 作为国际标准书号（ISBN）系统的前缀码，并将 ISBN 书号条码化。

按照 GS1 的规范规定，图书代码可以用两种不同的代码结构来表示，一种是把图书视为一般商品，然后按 EAN·UCC 系统商品编码方法进行编码；另一种是利用图书本身的 ISBN 编号，按照 GS1 和 ISBN 协议规定，将 978 作为图书商品的前缀进行编码。

1）将图书按一般商品进行编码

图书按一般商品进行编码的代码结构如图 6-15 所示。

国别代码	图书代码（遵照 EAN 编码规则）	EAN-13 校验字符
$P_1P_2P_3$	$X_1X_2X_3X_4X_5X_6X_7X_8X_9$	C

图 6-15　图书按一般商品进行编码的代码结构

$P_1 \sim P_3$：国别代码，是 GS1 分配给各国编码组织的国别代码。

$X_1 \sim X_9$：图书代码。图书代码的具体结构由各国编码组织根据本国的特点自行定义。如厂商代码 + 书名代码，或出版社代码 + 书名代码，或出版物代码 + 价格代码。

C：EAN-13 代码的校验字符。计算方法与 EAN/UCC-13 代码的校验字符计算方法相同。

2）直接采用图书的 ISBN 号

图书按 ISBN 进行编码的代码结构如图 6-16 所示。

EAN-13		
前缀码	数据码	校验码
$Q_1Q_2Q_3$	$X_1X_2X_3X_4X_5X_6X_7X_8X_9$	C

图 6-16　图书按 ISBN 进行编码的代码结构

$Q_1 \sim Q_3$：前缀码。是 GS1 指定给国际标准书号（ISBN）系统专用的三位数字：978。

$X_1 \sim X_9$：数据码。由 $X_1 \sim X_9$ 9 位数字组成，它同前缀码和校验码一起构成中国标准书号的 13 位数字。

C：校验码。计算方法与 EAN/UCC-13 代码的校验字符计算方法相同。

中国标准书号代码由 13 位数字构成，具体结构同 EAN-13，中国标准书号条码与商品条码的表示方法相同。

2. 期刊代码

按照 GS1 的规定，期刊可以有两种不同的编码方式。一种方式是将期刊作为普通商品进行编码，编码方法按照标准的 EAN/UCC-13 代码的编码方式进行。这种方法可以起到商品标识的作用，但体现不出期刊的特点。另一种方法是按照国际标准期刊号 ISSN（international standard serials number）体系进行编码。

ISSN 是由国际标准期刊号中心统一控制，在世界范围内广泛采用的期刊代码体系。按照这个体系编码完全可以达到标识系列出版物的目的。因此，GS1 与国际标准期刊号中心签署了协议，并将前缀码 977 分配给国际标准期刊系统，供期刊标识专用。

对于每个国家具体采用何种编码方法来标识期刊，GS1 不作统一规定。每个国家的 GS1 可以根据自己的实际情况进行选择。

ISSN 号在国际上已经得到了广泛的应用，我国也已加入了国际 ISSN 组织，并成立了我国的 ISSN 中心，负责在我国管理和推广 ISSN 代码。目前，在我国，ISSN 代码尚未普及，但期刊标识的条码化是大势所趋。现将直接采用 ISSN 号对期刊进行编码的方法介绍如下，其代码结构如表 6-8 所示。

表 6-8　　　　　　　　　　期刊的代码结构

前缀码	ISSN 号（不含其校验码）	备用码	EAN-13 条码校验字符	期刊系列号（补充代码）
977	$X_1 \sim X_7$	$Q_1 Q_2$	C	$S_1 S_2$

977：前缀码，GS1 分配给国际标准期刊号 ISSN 系统的专用前缀码。

$X_1 \sim X_7$：国际标准期刊号（ISSN），不含其校验码。

$Q_1 Q_2$：备用码，当 $X_1 \sim X_7$ 不能清楚地标识期刊时，可以利用备用码 $Q_1 Q_2$ 来辅助区分出版物，日刊或一周内发行几次的期刊，可以利用 $Q_1 Q_2$ 分配不同的代码。

$S_1 S_2$：仅用于表示一周以上出版一次的期刊的系列号（即周或月份的序数）。表 6-9 是期刊系列号 $S_1 S_2$ 的代码构成。

表 6-9　　　　　　　期刊系列号 $S_1 S_2$ 的代码构成

期刊种类	$S_1 S_2$
周刊	用出版周的序数表示（01~53）
旬刊	用出版旬的序数表示（01~36）

续表

期刊种类	S_1S_2
双周刊	用出版周的序数表示（02，04，06，…，52 或 01，03，05，…，53）
半月刊	用出版半月的序数表示（01~24）
月刊	用出版月份的序数表示（01~12）
双月刊	用出版月份的序数表示（01~12）
季刊	用出版月份的序数表示（01~12）
半年刊	用出版月份的序数表示（01~12）
年刊	用出版月份的序数表示（01~12）
特刊	99~01

图 6-17 给出了期刊条码的实例。

图 6-17 期刊条码的实例

在图 6-17 中，"1671-6663"是国际标准期刊号（ISSN），"977"是国际期刊统一代码，"02"表示 2002 年，"4"是校验码，"09"是附加码，表示该期刊是第 9 期。

3. 音像制品和电子出版物编码

音像制品和电子出版物可视为一般商品，也有国家视为特殊商品，因此，条码标识上有两种编码方法：

①像其他贸易项目一样，使用 EAN/UCC-13 或 UCC-12。

②直接使用 ISBN 或 ISSN，其代码结构见对照表 6-10。

表 6-10　音像制品、电子出版物与期刊代码结构对照表

	ISBN											
音像制品、电子出版物	9	7	8									C
	ISSN											
期刊	9	7	7									C

4. 厂商内部编码

厂商为了内部使用，可能需要对贸易项目进行编码，这时应使用以20～29为前缀的 EAN/UCC-13 代码。这些代码仅限于内部使用，也不能用于外部的数据交换，不能用于 EDI。商店使用店内码须遵循 GB/T18283-2000《店内条码》标准。

5. 优惠券的编码

目前，优惠券的标识由各国自行管理，尚不能全球通用。

我国优惠券的编码结构由中国物品编码中心决定。

优惠券的编码采用前缀为 99 的 EAN/UCC-13 代码。如果优惠券流通于通用一种货币的两个以上国家（地区），则使用前缀981 或 982。

6.1.8　产品电子代码

1. 系统概述

1999 年，美国麻省理工大学成立 Auto-ID 中心，它主要致力于自动识别技术的开发和研究，主要是研制低成本标签。Auto-ID 中心在美国统一代码委员会（UCC）的支持下，将 RFID 与网络技术相结合，提出了产品电子代码（EPC）的概念。EAN 和 UCC 将全球统一编码体系植入 EPC 概念当中，从而使 EPC 纳入全球统一标识系统。后在全球 5 所大学设立了 5 个 Auto-ID 研究中心进行研究，以开发基于通用的、开放的、标准的、集成化的 EPC 系统，用于产品标识与数据交换。该系统可通过网络进行升级。同时，标签和识读器的成本低，便于推广和应用。

EPC 系统是一个非常先进的、综合性的和复杂的系统，它由全球产品电子代码编码体系、射频识别系统及信息网络系统三部分组成，主要包括六个方面，见表 6-11。

表 6-11　　　　　　　　　　EPC 系统的构成

系统构成	名称	注释
全球产品电子代码编码体系	EPC 编码体系	识别目标的特定代码
射频识别系统	EPC 标签	贴在物品之上或者内嵌在物品之中
	识读器	识读 EPC 标签
信息网络系统	Savant（神经网络软件）	EPC 系统的软件支持系统
	对象名解析服务（Object Naming Service：ONS）	
	实体标记语言（Physical Markup Language PML）	

　　EPC 编码体系是新一代的与全球贸易项目代码（GTIN）兼容的编码标准，它是 EAN·UCC 全球统一标识系统的拓展和延伸，是全球统一标识系统的重要组成部分，是 EPC 系统的核心与关键。

　　EPC 编码是 EPC 系统的重要组成部分，它是对实体及实体的相关信息进行代码化，通过统一并规范化的编码建立全球通用的信息交换语言。EPC 编码是 EAN·UCC 在原有全球统一编码体系基础上提出的，它是新一代的全球统一标识的编码体系，是对现行编码体系的一个补充。

　　射频识别技术是 EPC 系统的一个组成部分，是 EPC 的应用领域之一，只有特定的低成本的 RFID 标签才适合 EPC 系统（见图 6-18）。

　　EPC 系统的信息网络系统中，Savant 是 EPC 系统的管理软件，是整个网络的神经系统，承担网络的管理功能。它的主要任务是数据校对、识读器协调、数据传送、数据存储和任务管理。

　　对象名称解析服务体系（ONS）是一个自动的网络服务系统，类似于域名解析服务（DNS）。DNS 是将一台计算机定位到万维网上的某一具体地点，ONS 给 Savant 系统指明了存储产品的有关信息的服务器。当一个识读器读取一个 RFID 标签的信息时，产品电子码就传递给了 Savant 系统。然后，Savant 系统在局域网或因特网上利用 ONS 找到这个产品信息所存储的位置，即储存该产品信息的服务器。

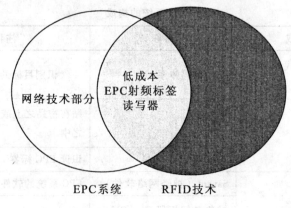

图 6-18 EPC 系统与 RFID 的技术关系

实体标记语言 PML 是基于为人们广为接受的可扩展标记语言（XML）发展而来的，是一种新型的标准的计算机语言，用于描述所有自然物体、过程和环境。

从以上分析可以看出，EPC 系统（物联网）是在计算机互联网和射频技术 RFID 的基础上，利用全球统一标识系统编码技术给每一个实体对象一个惟一的代码，构造了一个实现全球物品信息实时共享的实物互联网。

EPC 对于供应链的重要意义是，可以实现高效的生产计划；减少缺货；降低库存；跟踪与追溯；防盗、防假冒等。它将成为继条码技术之后，再次变革商品零售结算、物流配送及产品跟踪管理模式的一项新技术。

2. 代码的特点

EPC 是对物理对象惟一标识的有效方式，它可以对供应链中的对象（包括物品、货箱、货盘、位置等）进行全球惟一的标识。EPC 存储在 RFID 标签上，读取 EPC 标签时，它可以与一些动态数据链接，如该贸易项目的原产地或生产日期等。EPC 就像一把钥匙，用以解开 EPC 网络上相关产品信息这把锁。

EPC 代码本身包含非常有限的信息，但它有对应的后台数据库作为支持，将 EPC 编码对应的产品信息存储在数据库里，这些数据库又互相链接，与 ONS 等信息技术一起构成了一个实物互联网（Internet of things）。EPC 是信息世界连通现实世界的桥梁。

EPC 编码具有如下特点：

1）惟一性

EPC 提供对实体对象的全球惟一标识，一个 EPC 代码只标识一个实体对象。EPC 编码保证足够的编码容量，通过相应的组织保证以及编码的使用周期来实现实体对象的惟一标识。

2）简单性

EPC 的编码要既简单，又能同时提供实体对象的惟一标识。

3）可扩展性

EPC 编码留有备用空间，具有可扩展性。EPC 的地址空间是可发展的，具有足够的冗余，确保了 EPC 系统的升级和可持续发展。

4）保密性与安全性

EPC 编码与安全和加密技术相结合，具有高度的保密性和安全性。保密性和安全性是配置高效网络的首要问题之一。安全的传输、存储和实现是 EPC 能否被广泛采用的基础。

3. 编码结构

1）EPC 编码的通用结构

EPC 编码的通用结构由一个分层次、可变长度的标头以及一系列数字字段组成（见图 6-19），代码的总长、结构和功能完全由标头的值决定。

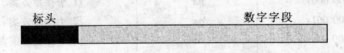

图 6-19　EPC 代码的通用结构

标头定义了总长、识别类型（功能）和 EPC 代码结构，包括它的滤值（如果有的话）。标头具有可变长度，使用分层的方法，其中每一层 0 值指示标头是从下一层抽出的。目前，标头有 2 位和 8 位。假定 0 值保留来指示一个标头在下面较长层中，2 位的标头有 3 个可能的值（01、10 和 11，不是 00），8 位标头可能有 63 个可能的值（标头前两位必须是 00，而 00000000 保留，以允许使用长度大于 8 位的标头）。

标头值的分配规则已经出台，使标签长度可以通过检查标头最左（或称为"序码"）的几个比特很容易被识别出来。此外，设计目标在于对每一个标签长度尽可能有较少的序码，理想的为 1 位，最好不要超过 2 位或者 3 位。后一目标提醒我们，如果可能，避免采用那些容许非常少的头字段值的序码（如表 6-12 中的斜体字所注）。这个序码到标签长度的目的是让 RFID 识读器可以很容易地确定标签长度。

当前已分配的标头是这样的一个标签,如果标头前两位非 00 或前 5 位为 00001,则可以推断该标签是 64 位;否则,标头指示此标签为 96 位。将来,未分配的标头可能分配给这些或者其他长度的标签。

在 EPC 标签数据标准的 1.1 版本中已经制定了 13 种编码方案,如表 6-12 所示。

表 6-12　　　　　　　　产品电子代码 EPC 编码方案

头字段值(二进制)	标签长度(比特)	EPC 编码方案
01	64	[64 位保留方案]
10	64	SGTIN-64
1100 0000 … 1100 1101	64	[64 位保留方案]
1100 1110	64	DOD-64
1100 1111 … 1111 1111	64	[64 位保留方案]
0000 0001	na	[1 个保留方案]
0000 001x	na	[2 个保留方案]
0000 01xx	na	[4 个保留方案]
0000 1000	64	SSCC-64
0000 1001	64	GLN-64
0000 1010	64	GRAI-64
0000 1011	64	GIAI-64
0000 1100 … 0000 1111	64	[4 个 64 位保留方案]
0001 0000 … 0010 1110	na	[31 个保留方案]
0010 1111	96	DOD-96
0011 0000	96	SGTIN-96
0011 0001	96	SSCC-96
0011 0010	96	GLN-96

续表

头字段值（二进制）	标签长度（比特）	EPC 编码方案
01	64	[64 位保留方案]
0011 0011	96	GRAI-96
0011 0100	96	GIAI-96
0011 0101	96	GID-96
0011 0110 … 0011 1111	96	[10 个 96 位保留方案]
0000 0000…		[为未来头字段长度大于 8 位保留]

目前，EPC 规定了两种系统的编码方案：通用标识符和与 EAN·UCC 系统对应的标识编码，如图 6-20 所示。

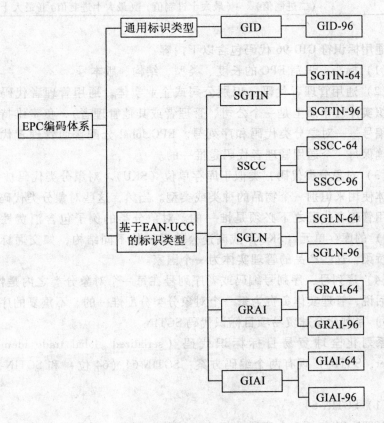

图 6-20　EPC 编码结构总结

2) EPC 通用标识符

通用标识符（GID-96）定义为 96 位的 EPC 代码，它不依赖任何已知的、现有的规范或标识方案。此通用标识符由 3 个字段组成，即通用管理者代码、对象分类代码和序列号。GID 的编码包含第四个字段——标头，以此保证 EPC 命名空间的惟一性（见表 6-13）。这与目前商务活动中使用的许多编码方案类似。但 EPC 使用额外的一组数字——序列号来识别单个的贸易项目。

表 6-13　　　　　　　　　　通用标识符（GID-96）

	标头	通用管理者代码	对象分类代码	序列号
GID-96	8	28	24	36
	0011 0101	268 435 455	16 777 215	68 719 476 735
	（二进制值）	（最大十进制值）	（最大十进制值）	（最大十进制值）

通用标识符 GID-96 代码包含以下内容：

（1）标头：识别 EPC 的长度、类型、结构、版本号。

（2）通用管理者代码：识别公司或企业实体。通用管理者代码标识一个组织实体（本质上是一个公司、管理者或其他管理者），负责维持后续字段的编号——对象分类代码和序列号。EPCglobal 分配普通管理者代码给实体，确保每一个通用管理者代码是惟一的。

（3）对象分类代码：类似于库存单位（SKU）。对象分类代码被 EPC 管理实体使用来识别一个物品的种类或类型。当然，这些对象分类代码在每一个通用管理者代码之下必须是惟一的。对象分类的例子包含消费性包装品（CPG）的库存单元（SKU）或高速公路系统的不同结构，如交通标志、灯具、桥梁，这些产品的管理实体为一个国家。

（4）序列号：序列号编码或者序列号在每一个对象分类之内是惟一的。换句话说，管理实体负责为每一个对象分类分配惟一的、不重复的序列号。

3) 系列化全球贸易项目标识代码 SGTIN

系列化全球贸易目标标识代码（serialized global trade identification number，SGTIN）现有两个编码方案：SGTIN-64（64 位）和 SGTIN-96（96 位）。

（1）SGTIN-64

SGTIN-64 包括 5 个字段：标头、滤值、厂商识别代码索引、贸易项代码、序列代码，见表6-14。

表6-14　SGTIN-64的结构、标头和各字段的十进制容量

	标头	滤值	厂商识别代码索引	贸易项代码	序列代码
	2位	3位	14位	20位	25位
SGTIN-64	10 （二进制值）	8 （十进制容量）	16,383 （十进制容量）	9-1,048,575 （十进制容量）	33,554,431 （十进制容量）

标头：为两位，二进制值为10。

滤值：它不是SGTIN纯标识的一部分，而是用于快速过滤和预选基本物流类型的附加数据，如单一货品、内包装、箱子和托盘。64位和96位SGTIN的滤值相同。

厂商识别代码索引：它是EAN·UCC厂商识别代码的编码索引。这个值不是厂商识别代码本身，而是一个表的索引。这个表提供厂商识别代码，同时指明厂商识别代码的长度。通过这个方式，软硬件可以获得转换表的内容。

贸易项代码：它是对GTIN贸易项代码和指示位的编码。指示位同贸易项代码字段按照以下方式结合：贸易项代码字段中以零开头是很重要的，指示位放在这个字段的最左边位置上。例如，00235同235是不同的。指示位为1，同00235结合为100235。结合的结果作为一个惟一整数，编码为二进制作为贸易项代码值。

序列代码：由一个连续的数字组成。25位容量限制连续数字最大为33,554,431，比在EAN·UCC系统规范中的序列代码小。这个序列代码只能由数字组成。

（2）SGTIN-96

SGTIN-96由6个字段组成：标头、滤值、分区、厂商识别代码、贸易项代码和序列代码，如表6-15所示。

表6-15　SGTIN-96的结构、标头和各字段的十进制容量

	标头	滤值	分区	厂商识别代码	贸易项代码	序列代码
	8位	3位	3位	20-40位	24-4位	38位
96位的SGTIN	0011 0000 （二进制）	8（十进制容量）	8（十进制容量）	999,999,999-999,999,999 （十进制容量）	9,999,999-9 （十进制容量）	274,877,906,943 （十进制容量）

标头：8位，二进制值为0011 0000。

滤值：不是 GTIN 或者 EPC 标识符的一部分，而是用来快速过滤和基本物流类型预选。如单一货品、内包装、箱子和托盘。64位和96位 SGTIN 的滤值相同。

分区：指示随后的厂商识别代码和贸易项代码的分开位置。这个结构与 EAN·UCC 编码体系中 GTIN 的结构相匹配，在 GTIN 中，贸易项代码加上厂商识别代码（加惟一的指示位）共13位。厂商识别代码在6位到12位之间，贸易项代码（包括单一指示位）在7位到1位之间。分区的可用值以及厂商识别代码和贸易项代码字段的相关大小在表6-16中定义。

厂商识别代码：包含 EAN·UCC 编码体系中厂商识别代码的一个逐位编码。

贸易项代码：包含 GTIN 贸易项代码的一个逐位编码。指示位同贸易项代码字段以下方式结合：贸易项代码中以零开头是非常重要的，把指示位放在域中最左的位置。例如，00235同235是不同的。如果指示位为1，结合00235，结果为100235。结果组合看做一个整数，编码成二进制作为贸易项代码字段。

序列代码：包含一个连续的数字。这个连续的数字的容量小于 EAN·UCC 编码系统规范序列代码的最大值，而且在这个连续的数字中只包含数字。

表6-16　　　　　　　　　　SGTIN-96 分区值

分区值	厂商识别代码		项目代码和指示位数字	
	二进制位	十进制位	二进制位	十进制位
0	40	12	4	1
1	37	11	7	2
2	34	10	10	3
3	30	9	14	4
4	27	8	17	5
5	24	7	20	6
6	20	6	24	7

4) 系列货运包装箱代码（SSCC-64 及 SSCC-96）

（1）SSCC-64

EPC SSCC-64 由 4 个字段组成：标头、滤值、厂商识别代码索引和序列代码，见表 6-17。

表 6-17　　　　SSCC-64 的位分配、标头和十进制容量

	标头	滤值	厂商识别代码索引	系列代码
	8	3	14	39
SSCC-64	0000 1000（二进制值）	8（十进制容量）	16,383（十进制容量）	99,999-99,999,999,999（十进制容量*）

* 系列参考的容量随厂商识别代码的长度而变化。

标头：8 位，二进制值为 0000 1000。

滤值：不是 SSCC 或 EPC 标识符的一部分，而是用来加快过滤和预选基本物流类型，如箱子和托盘。64 位和 96 位的 SSCC 的滤值相同。

厂商识别代码索引：是对 EAN·UCC 编码体系中的厂商识别代码进行编码。这个字段的值不是厂商识别代码本身，而是一个表的索引，这个表提供公司索引和厂商识别代码长度的指示。

序列代码：是一个实体的一个惟一数字，由序列代码和扩展位组成。扩展位同序列代码按照如下方式进行整合：把扩展位放在序列代码字段最左边的位置上。例如，序列代码 000042235，如果扩展位为 1，结合为 1000042235。将其作为一个整体进行二进制编码就得到了序列代码。为了避免管理大的无规范的序列代码，它们应该不超过 EAN·UCC 编码规范限制的大小，EAN·UCC 编码规范中，序列代码的范围是从 12 位厂商识别代码的（包括扩展位）9 999 到 6 位厂商识别代码的 9 999 999 999。

（2）SSCC-96

EPC SSCC-96 由 5 个字段组成：标头、滤值、分区、厂商识别代码和序列代码，见表 6-18。

表6-18　　　　SSCC-96 的位分配、标头和十进制容量

	标头	滤值	分区	厂商识别代码	序列代码	未分配
SSCC-96	8位	3位	3位	20—40位	38—18位	24
	0011 0001（二进制值）	8（十进制容量）	8（十进制容量）	999,999-999,999,999,999（十进制容量）	99,999,999,999-99,999（十进制容量）	没有使用

标头：8 位，二进制值为 0011 0001。

滤值：不是 SSCC 或 EPC 标识符的一部分，而是用来加快过滤和预选基本物流类型，如箱子和托盘。

分区：指出了随后的厂商识别代码和序列代码的分开位置。这个结构与 EAN·UCC 编码体系中 SSCC 的结构相匹配。在 SSCC 中，序列代码和厂商识别代码（包括单一扩展位）共 17 位，厂商识别代码在 6 到 12 位之间变化，序列代码在 11 到 5 位之间变化。表 6-19 给出了分区字段值及相关的厂商识别代码的长度和序列代码。

表6-19　　　　　　　　　SSCC-96 分区

分区值	厂商识别代码		序列代码和扩展位	
	二进制位（M）	十进制位（L）	二进制位（N）	十进制位
0	40	12	18	5
1	37	11	21	6
2	34	10	24	7
3	30	9	28	8
4	27	8	31	9
5	24	7	35	10
6	20	6	38	11

厂商识别代码：是由 EAN·UCC 编码体系中的厂商识别代码直接对应过来的。

序列代码：对于每一个实体是一个惟一的数字，由序列代码和扩展位组成。扩展位同序列代码字段按照以下方式进行结合：序列代码最左端的零很有必要，然后把扩展位放在这个字段最左边的可用位置上。例如，000042235 同 42235 是不同的，扩展位为 1，同 000042235 结合为

1000042235。结合结果得到一个惟一整数,将其编码成二进制,得到序列代码字段。为了避免管理大的无规范的序列代码,序列代码的长度不能超过 EAN·UCC 规范中限制的大小。在 EAN·UCC 规范中,序列代码(包括扩展位)在 12 位厂商识别代码的 9 999 到 6 位厂商识别代码的 9 999 999 999 之间变化。未分配字段尚未使用。

5)系列化全球位置码(SGLN)

(1) SGLN-64

SGLN-64 由标头、滤值、厂商识别代码索引、位置参考代码和序列代码 5 部分组成,见表 6-20。

表 6-20　　EPC SGLN-64 的位分配、标头和十进制容量

	标头	滤值	厂商识别代码索引	位置参考代码	序列代码
	8	3	14	20	19
SGLN-64	0000 1001（二进制值)	8（十进制容量)	16,383（十进制容量)	999,999-0（十进制容量)	524,288（十进制容量*)［未使用］

*位置参考代码的字段大小随着厂商识别代码的长度不同而变化。

标头:8 位,其二进制为 0000 1001。

滤值:不是 SGLN 纯标识的一部分,而是用于快速过滤和预选基本地址类型的附加数。64 位和 96 位 SGLN 的滤值是相同的,见表 6-21。

厂商识别代码索引:是对 EAN·UCC 编码体系中厂商识别代码的编码。该字段值不是厂商识别代码本身,而是提供厂商识别代码和厂商识别代码长度的表索引。

位置参考代码:是对全球参与方位置代码 GLN 中的位置参考代码的编码。

序列代码:是由一系列数字组成,序列代码字段是预留的,暂时不能使用,除非 EAN·UCC 编码体系给出合适的方法对 GLN 扩展。

表 6-21　　SGLN 滤值

类型	值
其他	0（000）
物理位置	1（001）

（2）SGLN-96

SGLN-96 由标头、滤值、分区、厂商识别代码、位置参考代码和序列代码 6 部分组成，见表 6-22。

表 6-22   **SGLN-96 的位分配、标头和十进制容量**

	标头	滤值	分区	厂商识别代码	位置参考代码	序列代码
	8	3	3	20—40	21—1	41
SGLN-64	0011 0010（二进制值）	8(十进制容量)	8(十进制容量)	999,999-999,999,999,999(十进制容量)	999,999-0(十进制容量)	2,199,023,255,552（十进制容量*）[未使用]

* 系列参考的容量随厂商识别代码的长度不同而变化。

标头：8 位，其二进制值是 0011 0010。

滤值：不是 GLN 或 EPC 识别符的一部分，是用于快速过滤和预选基本资产类型的附加数。SGLN 的 64 位和 96 位的滤值是相同的。

分区：是表明它后面的厂商识别代码和位置参考代码的划分位置的。这种结构与 EAN·UCC 编码体系中 GLN 的结构相匹配，在 GLN 中，位置参考代码加上厂商识别代码共 12 位，厂商识别代码在 6 到 12 位之间变化，位置参考代码在 6 到 0 位之间变化。分区的可用值及厂商识别代码和位置参考代码字段的大小可参见表 6-23。

厂商识别代码：由 EAN·UCC 编码体系中的厂商识别代码直接进行逐位编码而成。

位置参考代码：是对 GLN 位置参考代码的编码。

序列代码：包含一系列数字。序列代码字段是预留的，不能使用，除非 EAN·UCC 编码体系用它扩展 GLN。

表 6-23   **SGLN-96 分区**

分区值	厂商识别代码		位置参考代码	
	二进制位（M）	十进制位（L）	二进制位（N）	十进制位
0	40	12	1	0

续表

分区值	厂商识别代码		位置参考代码	
	二进制位（M）	十进制位（L）	二进制位（N）	十进制位
1	37	11	4	1
2	34	10	7	2
3	30	9	11	3
4	27	8	14	4
5	24	7	17	5
6	20	6	21	6

6）全球可回收资产标识符（GRAI）

（1）GRAI-64

GRAI-64 由标头、滤值、厂商识别代码索引、资产类型和序列代码 5 部分组成，见表 6-24。

表 6-24　EPC GRAI-64 的结构、标头以及各字段的十进制容量

	标头	滤值	厂商识别代码索引	资产类型	序列代码
	8	3	14	20	19
GRAI-64	0000 1010（二进制值）	8(十进制容量)	16,383（十进制容量）	999,999-9（十进制容量）	524,288（十进制容量*）[未使用]

*资产类型的容量随厂商识别代码的长度不同而变化。

标头：8 位，其二进制值是 0000 1010。

滤值：不是 GRAI 纯标识的一部分，而是用于快速过滤和预选基本资产类型的附加数。GRAI 的 64 位与 96 位滤值是相同的。目前，GRAI 的滤值还未定义。然而我们预计，在可能的情况下，滤值会得到确定，见表 6-25。

表 6-25　GRAI 滤值（非标准的）

类型	值
待定	待定
保留	XXX

厂商识别代码索引：是对 EAN·UCC 编码体系中厂商识别代码的编码。不是厂商识别代码本身，而是提供厂商识别代码和厂商识别代码长度的索引表。

资产类型：是对 GRAI 资产类型代码的编码。

序列代码：是由一系列数字组成。EPC 标识法只是 EAN·UCC 编码通用规范中序列代码的子集。序列代码容量小于 EAN·UCC 编码系统规范中序列代码的最大值，序列代码由非零开头的数字组成。

（2）GRAI-96

GRAI-96 由标头、滤值、分区、厂商识别代码、资产类型和序列代码 6 部分组成，见表 6-26。

表 6-26　　EPC GRAI-96 的结构、标头以及各字段的十进制容量

	标头	滤值	分区	厂商识别代码	资产类型	序列代码
GRAI-96	8	3	3	20—40	24—4	38
	0011 0011（二进制值）	8(十进制容量)	8(十进制容量)	999,999,999,999,999,999（十进制容量）	9,999,999-9（十进制容量）	274,877,906,943（十进制容量*）[未使用]

*厂商识别代码和资产类型的字段容量随着分区字段长度的不同而变化。

标头：8 位，其二进制值是 0011 0011。

滤值：不是 GRAI 或 EPC 标识符的一部分，而是用于快速过滤和预选基本资产类型的附加数。64 位和 96 位的滤值是一样的。

分区：是用来表示后面的厂商识别代码和资产类型代码的位置划分的。这个结构是为了与 EAN·UCC 编码体系中 GRAI 的结构相匹配，在 GRAI 中，资产类型代码加上厂商识别代码共 13 位。厂商识别代码在数值 6～12 位之间，资产类型在数值 7～1 位之间，分区的可用值和相应的厂商识别代码及资产类型字段大小定义在表 6-27 中。

厂商识别代码：由 EAN·UCC 厂商识别代码直接逐位编码而成。

资产类型：对 GRAI 资产类型代码的编码。

序列代码：由一系列数字组成。EPC 表示法是 EAN·UCC 编码通用规

表 6-27　　　　　　　　　GRAI-96 分区

分区值	厂商识别代码		资产类型	
	二进制位（M）	十进制位（L）	二进制位（N）	十进制位
0	40	12	4	0
1	37	11	7	1
2	34	10	10	2
3	30	9	14	3
4	27	8	17	4
5	24	7	20	5
6	20	6	24	6

范中的序列代码的子集，序列代码的容量小于 EAN·UCC 编码系统规范中序列代码的最大值，序列代码由非零开头的数字组成。

7）全球个人资产标识符（GIAI）

（1）GIAI-64

EPC GIAI-64 由标头、滤值、厂商识别代码索引、个人资产项目代码 4 部分组成，见表 6-28。

表 6-28　　　　EPC GIAI-64 的位分配、标头和十进制容量

	标头	滤值	厂商识别代码索引	个人资产项目代码
GIAI-64	8	3	14	39
	0000 1011（二进制值）	8（十进制容量）	16,383（十进制容量）	549,755,813,888（十进制容量）

标头：8 位，二进制数是 0000 1011。

滤值：不是 GIAI 纯标识的一部分，而是用于快速过滤和预选基本资产类型的附加数。GIAI-64 位与 96 位的滤值是相同的。目前，GIAI 的滤值还未定义，然而随着时间的推移，EPCglobal 可能会对滤值作出规定，见表 6-29。

表6-29　　　　　　　　　GIAI 滤值（未标准化）

类　　型	二进制值
待定（tbd）	待定（tbd）
保　　留	XXX

厂商识别代码索引：EAN·UCC 编码中厂商识别代码的编码。它并不是厂商识别代码本身，而是一个包含厂商识别代码和厂商识别代码长度表的索引。

个人资产项目代码：每个资产实体的惟一代码，只能描述 EAN·UCC 编码通用规范中资产项目代码的子集。EPC 中的个人资产项目代码由非零开头的数字组成，它的容量小于 EAN·UCC 系统规范中资产项目代码的最大值。

(2) GIAI-96

EPC GIAI-96 由标头、滤值、分区、厂商识别代码、个人资产项目代码5部分组成，见表6-30。

表6 30　　　　EPC GIAI-96 的位分配、标头和十进制容量

	标头	滤值	分区	厂商识别代码	个人资产项目代码
	8	3	3	20-40	62-42
GIAI-96	00111011（二进制值）	8（十进制容量）	8（十进制容量）	999,999-999,999,999,999（十进制容量*）	4,611,686,018,427,387,904-4,398,046,511,103（十进制容量*）

* 根据分区值的不同，厂商识别代码和个人资产项目代码的容量也不同。

标头：8位，二进制数是0011 1011。

滤值：不是 GIAI 或 EPC 识别符的一部分，但是在快速过滤和预选基本资产类型时非常有用。64位与96位 GIAI 的滤值是相同的。

分区：用来标识后面的厂商识别代码和单个资产项目代码的划分位置。这个结构与 EAN·UCC 编码中的 GIAI 结构相匹配。在 GIAI 中，厂商识别代码在6～12位之间。在 EPC 编码中，分区的可用值和相应的厂商识别代码及个人资产项目代码字段的大小定义在表6-31中。

表 6-31　　　　　　　　　　GIAI-96 分区

分区值	厂商识别代码		个人资产项目代码	
	二进制位	十进制位	二进制位	十进制位
0	40	12	42	12
1	37	11	45	13
2	34	10	48	14
3	30	9	52	15
4	27	8	55	16
5	24	7	58	17
6	20	6	62	18

厂商识别代码：包含一个 EAN·UCC 编码的厂商识别代码的逐位编码。

个人资产项目代码：每个个人资产实例的惟一代码。EPC 表示法只能描述 EAN·UCC 编码通用规范中资产项目代码的子集，个人资产项目代码由非零开头的数字组成，容量小于 EAN·UCC 编码系统规范中资产项目代码的最大值。

6.1.9 编码转换关系

EAN·UCC 编码系统（EAN·UCC 系统）即全球统一标识系统，是对全球多行业供应链进行有效管理的一套开放式的国际标准。EAN·UCC 编码系统这一"全球通用的商业语言"，有助于实现对产品和服务的惟一标识，简化贸易信息交换过程，改善商务流程，实现对供应链中的物品、资产、位置及服务等的全面跟踪，提高信息处理水平，从而达到降低交易成本、提高供应链效率、最大程度地满足客户需求的目的。

伴随着商业全球化的进程，许多大型贸易参与方提出了更加方便、快速、准确跟踪单品的要求。EPC 系统的提出适时地补充了全球统一标识系统（EAN·UCC 编码系统）。

EPC 代码将是新一代的与 EAN·UCC 编码兼容的新的编码标准。在 EPC 系统中，EPC 代码与现行的 GTIN 相结合，因而 EPC 并不是取代现行的条码标准，而是由现行的条码标准逐渐过渡到 EPC 标准，或者是在未来的供应链中，EPC 和 EAN·UCC 编码系统共存。

EAN·UCC 编码系统代码由一个共同的结构，以固定的十进制位数对标识编码，并加上一个额外的校验位，校验位由其他位通过算法计算出来。在校验位之外的其他部分包括两部分的内容：由 GS1 分配的厂商识别代码作为管理实体代码，剩下的位由管理实体分配。EPC 代码中，厂商识别代码和剩下的位之间有清楚的划分，每一个单独编码成二进制代码。

EPC 代码不包括校验位，因此，从 EPC 代码到传统的十进制表示的代码的转换，需要根据其他的位重新计算校验位。

1. 全球贸易项目代码与 EPC 代码的转换

EAN·UCC 编码系统主要以全球贸易项目代码（GTIN）体系为主。GTIN 体系是一族编码方案，包含 UCC-12、EAN/UCC-13、EAN/UCC-14、EAN/UCC-8 四种数据结构。EPC 编码体系包括 GID-96、SGTIN-96、SGTIN-64 等结构类型。GTIN 体系与 EPC 编码体系相比较，主要具有以下区别：①GTIN体系的编码对象是一类产品和服务，而 EPC 的编码对象是单个产品。②GTIN 的四种数据结构本身是对产品或服务的标识，不能进行进一步的特征信息描述。它是通过使用应用标识符（AI）实现对物品在供应链中的标识与描述，以满足各种应用需求，但提高了编码的复杂性与实施成本。EPC 编码结构则适合描述几乎所有的产品，同时通过 IP 地址查询到网络节点上的计算机中存储的产品信息。③GTIN 体系代码的表示采用十进制，而 EPC 采用十六进制。同时，二者之间有很强的联系：现有的 GTIN 体系代码都可以转化为相应的 EPC 代码，已经申请使用 GTIN 的厂商可以直接将自己的条码为载体的 GTIN 转化为射频标签为载体的 EPC 代码。

EPC 编码体系中的 SGTIN 是一种新的标识类型，它基于 EAN·UCC 编码通用规范中的全球贸易项目代码（GTIN）。一个单独的 GTIN 不符合 EPC 纯标识中的定义，因为它不能惟一标识一个具体的物理对象。GTIN 标识一个特定的对象类，如一特定产品类或 SKU。

所有的 SGTIN 表示法支持 14 位 GTIN 格式。这就意味着 0 指示位的 UCC-12 和 EAN/UCC-13 代码都能够编码，并能从一个 EPC 代码中进行精确的说明。EPC 现在不支持 EAN/UCC-8，但是支持 14 位 GTIN 格式。

为了给单个对象创建一个惟一的标志符，GTIN 增加了一个序列号，管理实体负责分配惟一的序列号给单个对象分类。GTIN 和惟一序列号的结合称为一个序列化 GTIN（SGTIN）。

SGTIN 的 EPC 编码方案允许 EAN·UCC 编码系统标准 GTIN 和序列号

直接嵌入EPC标签。所有情况下,校验位不进行编码。见图6-21。

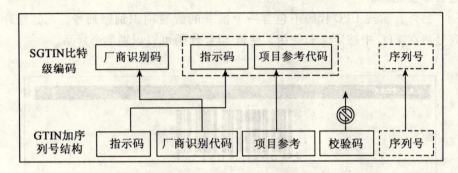

图6-21 由十进制的SGTIN部分抽取、重整、扩展字段进行编码

如图6-22所示,将GTIN 1 0614141 00235 8 + 序列代码8674734转换为

图6-22 GTIN 1 0614141 00235 8 + 序列代码8674734的条码符号

EPC的变换如下:①标头0011 0000。②如果需要滤值,用二进制表示,比如说现在用000。③由于厂商识别代码是7位(0614141),使用分区值5,用二进制表示即101。④0614141转换为EPC管理者分区。在24位分区中,看起来就是000010010101111011111101。⑤00235是项目代码。有一个指示符数字1,因此将100235加到对象类别分区中。用二进制表示为00011000011110001011,去掉检验位8。⑥将8674734转换为系列号,用二进制表示为0000000000000100001000101110110101110。

1)通用UPC代码向EPC代码的转换

常规的UPC代码(UCC-12)可以直接转换为EPC代码。转换时,UCC-12结构里的厂商代码与贸易项代码部分分别和EPC结构的管理者代码与对象分类代码部分相对应。注意,十进制的UPC代码要转换成十六进制的EPC代码,如图6-23所示,其UPC厂商代码和贸易项代码分别用十进制表示为"02354"和"08156",转换为EPC代码后,相应部分分别以十六进制表示为"932"和"1FDC"。

最后，UPC 代码里的第一位代码体系属性位和最后一位校验位在转换过程中被删除。

另外，常规 UPC 代码不包含一个惟一的贸易项识别序列号，而这个序列号将在 EPC 中被定义和使用，使得 EPC 代码可以识别单个货品。

图 6-23　通用 UPC 代码与 EPC 代码的转换

2）其他 UPC 代码向 EPC 代码的转换

除了常规 UPC 代码，其他 UPC 代码可以存储，如可变重量信息、国家药品编码、内部公司码、优惠券信息等。在这些代码里，只有国家药品代码可以按照与常规 UPC 代码相同的方式转换为 EPC 代码（其 FDA 标签和产品/包装编码必须确保惟一性），其他各种代码数据将转换成相应的 PML（实体标记语言）文件。换句话说，除了产品识别以外的所有的数据信息皆存储在 PML 文件里。

以可变重量代码为例，说明转换成 PML 数据的过程。如图 6-24 所示，价格"＄7.56"被转换成 PML 文件的价格元素，优惠券信息和公司内部码等信息将以类似的方式存储在 PML 文件里。实际上，更多的详细信息或者运算法则都可以存储为 PML 文件。

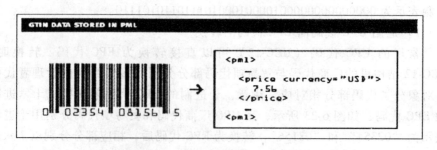

图 6-24　可变重量代码转换成 PML 数据

对常规 UPC 代码（UCC-12）与其他 UPC 代码（UCC-12）的解释如下。UCC-12 代码的第一位表示了该代码的体系属性，其中，码值为 0、6、7 的为常规 UPC 代码，其余则为其他 UPC 代码（如图 6-25 所示，第一位即是编

图 6-25 常规 UPC 代码（UCC-12）与其他 UPC 代码（UCC-12）

码体系属性位，0 表示此代码是常规 UPC 代码）。

3）EAN/UCC-13 代码向 EPC 代码的转换

EAN/UCC-13 代码也可以转换为惟一的 EPC 代码，如图 6-26 所示。但要注意的是，转换后的域名管理者代码由 EAN/UCC-13 厂商识别码和补位码共同组成。确切的补位码体系还没有最终确定，但将由 EAN/UCC-13 国家代码经过某种换算后生成。每个 EAN/UCC 国家代码将对应一个惟一的补位码，这个补位码将与厂商识别码结合而产生一个全球惟一的域名管理者代码。

图 6-26 EAN-13 代码与 EPC 代码的转换

举例说明，台湾 EAN/UCC 前缀码为 "471"，假设经过某种转换，其对

应的补位码为"900 000"。厂商识别码"2354"则与补位码"900 000"进行相加,产生域名管理者编码"902 354"。

EAN/UCC-13 贸易项代码部分直接与 EPC 对象分类编码相对应。在此例中,贸易项代码"08156"直接转换为 EPC 对象分类代码"08156"或者"001FDC"(十六进制)。

最后,EAN/UCC-13 代码的校验位在转换过程中将被删除。

4) EAN/UCC-14 代码向 EPC 代码的转换

货运包装箱代码(SCC-14)即 EAN/UCC-14,是为物流单元(运输/储藏)提供惟一标识的代码。当使用 EPC 编码后,关于货运和装配等信息将以 PML 文件的方式进行存储与表现。

EAN/UCC-14 不能转换为 EPC 代码,其所代表的信息将以 PML 文件的形式存储。每一个货箱被分配了一个惟一的 EPC 代码,这个 EPC 代码对应一个 PML 文件,此文件包含原来存储在 EAN/UCC-14 代码中的信息,如图 6-27 所示。

图 6-27　EAN/UCC-14 代码转换为 PML 数据

5) EAN/UCC-8 代码向 EPC 代码的转换

EAN/UCC-8 代码是 EAN/UCC-13 的简化版。根据国际物品编码协会的规定,只有标准型的条码所占的面积超过总印刷面积的 25% 时,使用缩短型 EAN-8 才是合理的。因此,要将 EAN/UCC-8 代码转换为 EPC 代码,首先要将 EAN/UCC-8 代码转换为对应的 EAN/UCC-13 代码,然后再将此 13 位代码转换为 EPC 代码,如图 6-28 所示。

图 6-28　EAN/UCC-8 代码与 EPC 代码的转换

2. 系列货运包装箱代码与 EPC 代码的转换

与 GTIN 不同的是,SSCC 的设计本身已经分配给个体对象,因此不需要任何附加字段来作为一个 EPC 纯标识。

SSCC 的 EPC 编码方案允许 EAN·UCC 编码系统的 SSCC 代码直接嵌入到 EPC 标签中。在所有情况下,校验位不进行编码,见图 6-29。

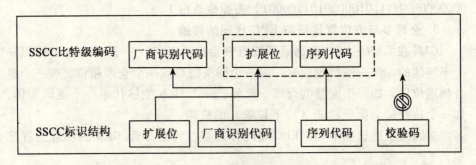

图 6-29　十进制的 SSCC 转换成 EPC 编码体系中的 SSCC

在 64 位 EPC 编码中,有限的位数不允许 EAN·UCC 编码中的厂商识别代码进行逐位编码。作为一个部分解决方案,使用厂商识别代码索引来解决。这个索引能够提供 16 384 个代码,分配给使用 64 位标签的公司,除了现有的厂商识别代码外，标签中包含的是这个索引，而不是厂商识别代码，而后在 EPC 系统（如识读器或 Savant）的较低层即可转化为厂商识别代码。这就意味着，仅仅有限个厂商能够使用 64 位标签，这是基于一种过渡阶段的考虑。

下面举例说明将 SSCC 转换成 EPC。一个系列货运包装箱代码条码符号如图 6-30 所示。

图 6-30　一个系列货运包装箱代码条码符号

（1）标头 0011 0001。
（2）需要滤值，用位表示，比如说现在用 000。
（3）去掉扩展位 0。
（4）因为厂商识别代码是 7 位(0614141)，使用分区值 5,用位表示为 101。
（5）0614141 进入 EPC 管理者分区中。在 24 位分区中，表示为 000010010101111011111101。
（6）000999777 是系列号，用位表示为 00000000000000000000000000000000000011110100000101100001，去掉检验位 1。

3. 全球参与方位置代码与 EPC 代码的转换

GLN 在 EAN·UCC 编码通用规范中给出了定义。一个 GLN 能够标识一个不连续的、惟一的物理位置，如一个码头门口或一个仓库箱位，或一个集合物理位置，如一个完整的仓库。此外，一个 GLN 能够代表一个逻辑实体，如一个执行某个业务功能（如下订单）的机构。

正因为上述这些不同，EPC 编码体系仅仅考虑采用 GLN 的物理位置标识。

关于 SGLN 的编码方案，允许在 EPC 标签上将 EAN·UCC 编码系统的 GLN 直接嵌入其中，不使用序列代码字段。在很多情况下，不对校验位进行编码，见图 6-31。

4. 全球可回收资产标识代码与 EPC 代码的转换

全球可回收资产标识符（GRAI）在 EAN·UCC 编码通用规范中给出了

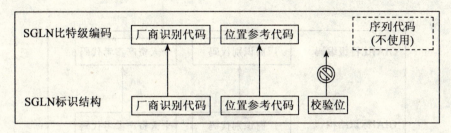

图 6-31 十进制 GLN 转换为 SGLN

定义。与 GTIN 不同的是,GRAI 已经是为单品分配的,因此不需要任何附加字段便可用作 EPC 纯标识,见图 6-32。

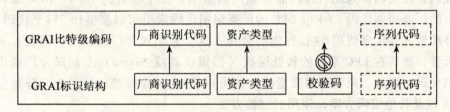

图 6-32 十进制 GRAI 转换为相应的 EPC 代码

EPC 对 GRAI 的编码方案允许在 EPC 标签上将 EAN·UCC 编码系统的 GRAI 直接嵌入其中。在很多情况下,没有对校验位编码。EPCglobal 制定了 GRAI-64 和 GRAI-96 两种编码方案。

在 GRAI-64 编码中,禁止 GRAI 的逐位编码,为此引入厂商识别代码索引,这个索引可以容纳 16 384 个代码,分配给使用 64 位标签的公司。在标签上对索引进行编码,代替厂商识别代码,然后在 EPC 系统的较低层次(即识读器或 Savant)上转换成厂商识别代码。只有有限数量的公司可以使用 64 位标签,这是基于一种过渡阶段的考虑。

5. 全球单个资产标识代码与 EPC 代码的转换

GIAI(global individual asset identifier)即全球个人资产标识符,在 EAN·UCC 编码通用规范中给出了规定。与 GTIN 不同的是,GIAI 原来就设计为用于单品,因此不需要任何附加字段用于 EPC 的纯标识,见图 6-33。

EPC 编码方案中规定了 GIAI-64 和 GIAI-96 两种编码,允许直接将符合 EAN·UCC 系统标准的 GIAI 代码直接嵌入 EPC 标签,但 64 位的标签不允许直接嵌入。

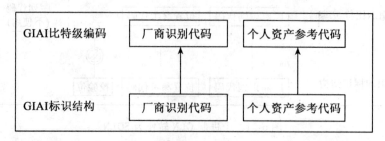

图 6-33　EPC 代码中，十进制 GIAI 的每部分字段的提取和编码

在 64 位 EPC 的编码过程中，禁止对 EAN·UCC 编码系统中的厂商识别代码逐位编码，为此引入厂商识别代码索引。除了现有的 EAN·UCC 编码中的厂商识别代码，64 位 EPC 的厂商识别代码索引可以提供 16 384 个代码，分配给那些需要使用 64 位标签的公司。这个索引代替厂商识别代码被写入标签，然后在 EPC 系统的较低层次（即识读器或 Savant）上翻译为厂商识别代码。因此，只有有限数量的公司可以使用 64 位标签，这是为充分融合 96 位及其他编码方案而使用的过渡方法。

6.2　载体表示

6.2.1　条码符号

条码技术可以说是最早使用的一种自动识别技术，因其识别的可靠性高、使用成本低廉、技术成熟，是 EAN·UCC 系统主要应用的一项自动识别技术。EAN·UCC 系统用一系列标准化条码符号作为载体，表示产品或服务的标识代码及附加信息编码，是 EAN·UCC 系统最基本的支撑技术。

EAN·UCC 系统目前主要有三种标准化的条码符号：EAN/UPC 条码、ITF-14 条码和 UCC/EAN-128 条码。三种条码具体的技术指标见相关的国家标准。

EAN/UPC 条码在我国又称为商品条码，主要用于对零售贸易项目的标识。它主要有四种形式，如图 6-34 和图 6-35 所示。

图 6-34　EAN 商品条码　　　　　图 6-35　UPC 商品条码

ITF-14 条码只用于表示在非零售渠道销售、储存或运输的贸易项目，是定长的条码符号。该条码比较适合直接印制于瓦楞纸或纤维板等包装箱上。符号表示如图 6-36 所示。

图 6-36　ITF-14 条码符号

UCC/EAN-128 条码是 Code128 的子集，属 EAN 和 UCC 专用。它是系统中目前惟一用于标识附加信息的非定长条码符号，可用于对贸易项目和物流单元的条码表示。符号表示如图 6-37 所示。

图 6-37　UCC/EAN-128 条码符号

随着应用需求的不断发展，EAN·UCC 系统又推出了缩小空间码（RSS），它是 EAN·UCC 系统中使用的新型一维条码。由于 RSS 条码符号的整体尺寸较小，代码表示灵活紧凑，可以在某些特殊需要的情况下使用，如商品太小，或者在有限的位置上要标识更多的信息等。

RSS 符号系列由 RSS-14、限定式 RSS 和扩展式 RSS 三种类型组成。其中，RSS-14 包括标准式 RSS-14、截短式 RSS-14、层排式 RSS-14 和全向层排式 RSS-14；扩展式 RSS 包括标准扩展式 RSS 和层排扩展式 RSS。

RSS 条码符号见图 6-38 至图 6-44。

(01)20012345678909

图 6-38 标准式 RSS-14 条码符号

(01)00012345678905

图 6-39 截短式 RSS-14 条码符号

(01)00012345678905

图 6-40 层排式 RSS-14 符号

(01)00003456789 0125

图 6-41 全方位层排式 RSS-14 符号

(01)15012345678907

图 6-42 限定式 RSS 条码符号

(01)90614141000015(3202)000150

图 6-43 扩展式 RSS 条码符号

(01)90614141000015(3202)000150

图 6-44 层排扩展式 RSS 条码符号

6.2.2 EPC 标签

EPC 标签即是射频识别系统的电子标签,换句话说,将射频识别系统的电子标签按 EPC 规则编码,并遵循 EPCglobal 制定的 EPC 标签与 EPC 标签读写器的无接触空中通信规则时,即成为 EPC 标签。

EPC 标签有两个基本特点,第一个特点是 EPC 代码及附加功能信息的载体;第二个特点是可以随时随地与 EPC 标签读写器建立无接触(通常在数米远的距离)的数据通信通道,并进行数据交换。

EPC 标签是产品电子代码的载体,当 EPC 标签贴在物品上或内嵌在物品中时,即将该物品与 EPC 标签中的惟一编号(产品电子代码或 EPC 代码)建立起一对一的对应关系。

1. EPC 标签的特征

(1) EPC 标签中存储的惟一信息是 96 位或者 64 位产品电子代码;

(2) EPC 标签通常是被动式射频标签;

(3) EPC 标签是全球统一标准、规范化的射频标签,其相关技术特性如信息存储格式、与识读器间的通信协议,包括工作频率、数据通信方式等统一于 EPC 系统标准。

EPC 标签的工作频率是 EPC 标签的一项重要参数,也是 EPC 标签在全球推广所面临的众多问题中最为重要的一个问题。各国各地区无线电频率使用规划的不一致是产生频率使用问题的基本根源。基于多方协调,目前的基本共识如下:

(1) 在高频段采用 HF 频段的 13.56 MHz;

(2) 在超高频段采用 UHF 频段的 860~960 MHz。

根据对 EPC 标签读写距离的基本要求,可以预计,UHF 频段的 EPC 标签将会具有更大的应用空间。

2. EPC 标签的分类

EPC 标签的分类可以有多种方法,主要取决于分类的依据。有根据 EPC 标签所遵循的标准分类的,有根据 EPC 标签制造商分类的,有根据 EPC 标签的应用分类的(如图书标签),有根据 EPC 标签封装及使用情况分类的(如贴纸、卡等)。本书推荐的分类依据是一个分层的概念,依次的分类顺序如下:

(1) 按频率分类。频率不同,标签与读写器之间的耦合方式不同。基于这一原因,当前的国际标准也在不同的频率段上制定。

（2）按标准分类。标准不同，一般情况下标签不能相互替换，这直接决定着对应的 RFID 系统不兼容。

（3）按封装的多样性分类。标签外型的封装形式会越来越多地决定标签的应用，同时也在很大程度上决定标签的价格。

（4）应用分类。标签的应用是标签的最终目标。从应用分类也是用户最容易接受的一种方式，但并不一定恰当，原因是用户只对其所采用的标签最为熟悉，但不一定了解技术的全貌。值得注意的是，应用处于产品链的末端，同一种应用可以采用不同的标签。

3. EPC 标签的组成

基于 Class 0/Class 1 层次的 EPC 标签，从剖析的角度来说，其基本组成包括以下三个主要部分和一些附加加工措施：EPC 标签芯片；EPC 标签天线；EPC 标签的封装基板。其中，EPC 标签芯片是标签的核心单元。从系统的角度来说，EPC 标签芯片本身即是一个片上系统（system on chip，SoC）。EPC 标签芯片是 EPC 标准及信息存储的载体。EPC 标签天线是 EPC 标签的外部耦合单元。EPC 标签天线与读写器天线构成 EPC 标签和读写器空中耦合的基础。EPC 标签的封装基板是 EPC 标签物理外观的基础，也是 EPC 标签芯片和标签天线的附着基础。

4. EPC 标签的封装

EPC 标签的封装可以分为两个层次，一个层次是 EPC 标签芯片与 EPC 标签天线之间的结合，也称为微封装；另一个层次是 EPC 标签的外封装，也称为包装。

以当前技术发展的水平来说，标签芯片与天线之间的微封装需要较高的技术含量，加工设备比较昂贵，也是保证标签性能的关键。当前采用的技术主要有两种，一种是线绑（wire bind，WB），另一种是倒封装（flip chip，FC）。

（1）线绑 WB 工艺是传统的集成电路后封装工艺，可以采用极细的金线或铝线将标签芯片（die）上的焊盘（pad）与标签天线的馈点连接起来。基本特点是，需线绑的引脚数通常只有两个，要求产品加工的数量大，产品的一致性好。

（2）倒封装 FC 工艺是一个新的后封装工艺，属于芯片尺寸封装（chip size package，CSP）的一种实现方式。基本特点是，在每一个芯片的焊盘上先生长出相应的凸点（用于实现电连接），再将芯片翻转（使生长出的凸点与标签天线的馈点相对），然后通过倒装焊、各向异性导电胶 ACP 或各向异性导电带 ACF 的方式，在加温加压的情况下实现凸点与馈点的电连接。

实现 EPC 芯片与标签天线的电连后，得到 EPC 标签的芯材。如果标签天线是印制或腐蚀在薄膜上的，也将其称为片芯（inlay）。

5. EPC 标签的多样性

EPC 标签的多样性在标签的天线设计阶段即已开始，此外，历经芯片与天线之间的微组装及外封装，最终得到 EPC 标签成品。图 6-45 和图 6-46 给出了一些 EPC 标签的样品，其中有卡片状、粘贴状、条带状等。工作频率有 UHF 频段的标签，也有 13.56 MHz 的标签。标签的多样性是由应用需求的多样性所决定的。

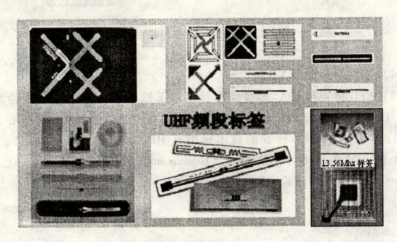

图 6-45　EPC 标签样品一

从电子标签技术的角度来看，EPC 标签技术是关键。与 EPC 标签相关的重要事情有两件，第一件是 EPC 标签与读写器的空中通信接口标准；第二件是 EPC 标签芯片（EPC 标签芯片是一个片上系统）。

6. EPC 标签的标准

有关 EPC 标签技术标准的讨论至今仍是 EPC 技术中最热门的话题。当前讨论的范围仍然处在 Class 0/Class 1 层次。EPC 标签技术标准所要解决的主要问题有：

（1）EPC 标签存储信息的定义；

（2）EPC 标签的内部状态转换及多标签读取的碰撞算法；

（3）EPC 标签与 EPC 标签读写器之间的空中通信接口协议；

图 6-46 EPC 标签样品二

（4）标签杀除命令 KILL；

（5）EPC 标签与 EPC 标签读写器半双工数据通信中采用的校验方法。其中，以 EPC 标签与 EPC 标签读写器之间的空中通信接口协议为核心。

目前，已有的 EPC 标签的技术标准有 HF Class 0、UHF Class 0、UHF Class 1 和 2004 年推出的 UHF Class I Generation 2（简称为 CIG2），并已开始展开一些应用及应用试验。

第 7 章 其他物品分类与编码标准

目前,国际上物品的分类、编码标准种类繁多,层次各异。综观各类物品的分类与编码体系,国际上通用的且对经济发展影响较大的物品分类、编码还有《产品总分类》(central product classification,CPC)、《商品名称及编码协调制度》(harmonized commodity and coding system,HS)等。此外,还有许多地域性、行业性的物品编码和分类标准。

7.1 产品总分类

《产品总分类》(CPC)由联合国统计署制定,它提供包括经济活动及货物和服务(产品)两方面的分类,为有关货物、服务和资产的统计资料的国际比较提供了一个框架,是国际统计、国际经济对比的基本工具之一。

CPC 是一个针对主要产品的分类体系,主要用于统计领域,目的是促进各国经济及有关领域在统计口径上的一致。其作为一个分类体系,包括了国内、国际交易的产品和经济活动产生的各种产品以及非生产的有形和无形资产,囊括了商品、服务和资产等全部可运输和不可运输的产品分类编码。

CPC 1.0 版是 1997 年联合国统计委员会第二十九届会议审议通过的五层五位数字编码,是联合国统计委员会在"暂行主要产品分类"(provisional central product classification,PCPC,1991 年制定)的基础上修订而成的。与它相关的派生类包括标准国际贸易分类 SITC Rev.3、按标准国际贸易分类定义的经济大类分类 BEC 以及欧洲共同体内部按经济活动划分的产品分类 CPA 等三项。

CPC 1.0 版分类为 5 级结构:一级为 10 个部类(sections),以 1 位数编码;二级为 71 个类(divisions),以 2 位数编码;三级为 294 个组(groups),以 3 位数编码;四级为 1 162 个小类(classes),以 4 位数编码;五级为 2 093 个子小类(subclasses),以 5 位数编码。

CPC 代码结构如图 7-1 所示。

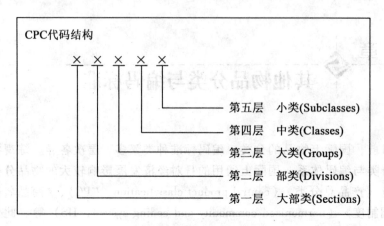

图 7-1 CPC 代码结构

CPC 代码采用 5 位阿拉伯数字（十进制）表示。每层各用 1 位数字表示，第一层代码为 0~9，其余各层代码为 1~9。

为了避免与其他分类代码混淆，CPC 编码的 5 位数字之间没有任何分隔符。

对于分类终止于中间某一层级的类目名称的代码，信息处理时，补"0"至设计的总码长（5 位数字长度），标准文本不补"0"。

在信息处理时，"0"可以用来表示本层次所有的分类，"9"则被保留，用来表示其余所有的分类，但这种用法并不是在所有情况下适用。

产品总分类 CPC 具有以下特性：

（1）CPC 为商品、服务及资产统计数据的国际比较提供了一个框架和指南，保证了不同经济领域之间对于产品分类的修订以及新产品分类的开发都能够与国际标准协调一致。

（2）作为标准产品总分类，CPC 又是一个能对所有要求产品细类的统计资料进行汇编和列表的工具。这些统计资料涉及商品物流、库存及国际收支，并被汇编在投入产出表、国际收支平衡表以及其他的分析性表格中。

（3）CPC 为所有的商品和服务建立了一个完整分类。在开发 CPC 之前，还没有一个能够覆盖所有不同服务产业全部产出"频谱"并能满足不同分析需要的国际分类。同时，正因为 CPC 是为满足普遍需要而设计的分类，所以它所提供的分类不如其他行业性的分类体系那样详细。

(4) CPC 包括了所有可用于国内、国际交易或库存的商品类别，它所描述的商品均为经济活动产出，不仅包括可运输商品、不可运输商品及服务、部分非生产资产（nonproduced assets）如土地，还包括用以证实诸如专利、许可证、商标、版权等无形资产所有权的法律手段。

(5) 在 CPC 的所有设计原则中，类别内的同质性是最大的原则。为了体现同质性，CPC 将产品划入各个类别时，是以产品本身的物质特征和内在性质以及产品的产业来源为依据的。

产品的物质特征和内在性质包括如产品所用的原材料、生产阶段、生产商品或是提供服务的方式、目的，或使用者的范围以及价格。

一项产品或服务的产业来源（industrial origin）是指分组到 CPC 每一个小类的产品，主要是根据该产品是否是由一单项产业产出。通过产品与产业来源标准（industrial origin criteria）之间的联系，CPC 的结构也就反映了产品的投入结构、技术和生产组织特征。产品的产业来源标准也是联合国的另一项分类，即全部经济活动的国际标准产业分类所采用的原则之一。

CPC 在 1997 年修订为标准产品分类 1.0 版。目前，CPC 1.1 版本正在征求世界各国的意见。

在我国，参照《产品总分类》（CPC）1.0 版，结合我国的实际情况制定了我国的国家标准《GB/T7635 全国主要产品分类与代码》。该标准主要用于国民经济总量和行业经济统计等，为国家宏观经济调控提供支持。

《全国主要产品分类与代码》由相对独立的两个部分组成，第一部分为可运输产品，第二部分为不可运输产品。第一部分由五大部类组成，与联合国统计委员会制定的《主要产品分类》（CPC）1998 年 10 版的第一部分相对应，一致性程度为非等效。"可运输产品代码"标准是对《全国工农业产品（商品、物资）分类与代码》（GB/T7635-1987）的修订。

新的《全国主要产品分类与代码》结构共 6 层 8 位码，前 5 层采用了 CPC 的结构，其内容与 CPC 可运输产品部分相对应，并根据我国的国情在相应位置增加了产品类目，第 6 层是新增加的产品类目。可运输产品分 5 大部类，共列入 5 万余条类目、40 多万个产品品种或品类。该标准是标准化领域中一项大型的基础性标准，可提供一种具有国际可比性的通用的产品目录体系，为国家、部门、行业及企业对产品的信息化管理和信息系统提供依据，以实现各类产品的各种信息数据的采集、处理、分析和共享。

7.2 全球产品分类

全球产品分类的产生应从 2000 年全球商务倡议联盟（GCI）的成立说起。GCI 是由全球供应商与零售商巨头、标准团体以及贸易团体组成的全球商务倡议联盟。该组织认为，在电子商务的实施中，主数据的一致性与实时性非常重要，除了要了解商品的编码（如 EAN·UCC 开发的 GTIN）和商务活动的参与方（如 EAN·UCC 开发的 GLN）外，还需要了解产品的属性和分类情况以及价格和包装信息等。在它的倡导下，在全球范围内实施商务主数据的同步与一致，为实现电子商务提供支持。

全球产品的统一分类是实现商务主数据的同步与一致的前提。而目前，在全球范围内，不存在所有国家、所有行业以及所有企业都在使用的、统一的分类标准。从事电子商务的不同行业、不同企业对产品的分类和属性的描述不尽一致。

为解决这一问题，需要在多个分类标准中建立相互的映射。但是若一个企业要和 N 个企业进行交易，这个企业就要建立 N 个对照表。最可行的方法就是大家建立一个映射的基准，多个标准和一个基准进行对照，既省时又省力。全球产品分类（GPC）就是遵从这个理念而产生的。它是全球同步系统（GDS）的重要标准之一，是全球商务有关描述产品与服务的重要信息标准。

GPC 是最完善的分类体系，它不仅有分类，而且还有特征属性描述。这个标准对客户、对用户更有亲和力，更适合采购人员在全球范围进行采购。GPC 的特点具体来讲有：

（1）它要建立全球产品与服务的分类代码结构，统一描述和定义全球产品与服务的基础类别，它是全球电子商务得以实施的参照标准，为全球不同国家、不同组织、不同生产厂商生产的产品和服务的描述与定义建立了映射基准。

（2）GPC 是一个可修改的灵活的分类体系。它是全球产品与服务的"大黄页"，而且这个"大黄页"可实时更新。

要拥有上述特点，GPC 就应做到：①建立全球产品与服务的分类代码结构；②建立全球产品与服务的最小化、模块化和标准化的基础产品类别，通过基础产品类别来实现映射；③对基础产品类别进行定义和描述，界定其外延和内涵，并对其属性及属性值标准化。

1998年，联合国技术开发署曾委托美国邓百氏公司对全球的产品与服务统一分类，用于国际间的采购与电子商务，于是，UNSPSC得以产生。UNSPSC的分类基础是线分类，线分类就好比是一棵树，树有树干，然后分出好多叉来，它们有着严格的隶属关系。UNSPSC按照用途对每类产品或服务分配一个4层8位的数字码。它又分成大、中、小和细类，大类是产品隶属的行业，中类是产品隶属的小行业，小类是产品隶属的族，细类是具体的产品品种，即基本的产品类别，更适合客户使用。

GPC选用UNSPSC作为产品分类和查询的代码，即检索代码，对UNSPSC的第四层细类为全球基础产品类别，并对其属性进行描述、规范和模块化。另外，GPC还对基础产品类别的特征属性及属性值进行描述，这就构成了整个GPC的框架，见图7-2。

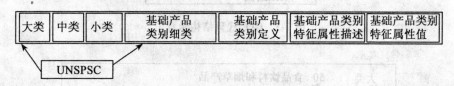

图7-2 GPC框架结构示意图

GPC代码结构示意图（图7-3）显示它由基础产品类别的标识代码、分类代码和属性代码组成。标识代码是一个无含义代码，是基础产品类别在全球的一个8位的、无含义的序列号。分类代码是UNSPSC的8位分类查询代码。

以一个无泡型葡萄酒为例，如图7-4所示，它属于UNSPSC 50品种大类里面的食品、饮料和烟草。它的中类5020是饮料，小类502022是葡萄酒，细类50202203是无泡型葡萄酒。所以，无泡型葡萄酒的基础产品类别的分类（查询）代码采用UNSPSC的标准代码为50202203，而它的标识代码是10000276。

目前，GCI主要在食品、饮料、烟草、服饰和一般商品、药品、食品服务等领域制定了GPC标准，已经在食品、饮料和烟草有20个基础类别，完成了它的特征属性的描述和属性值的设置。

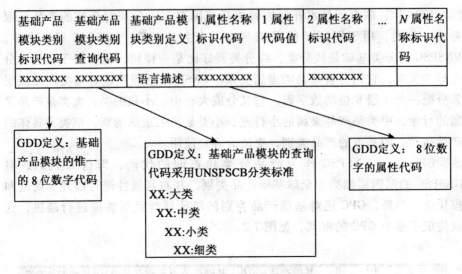

图 7-3 GPC 代码结构示意图

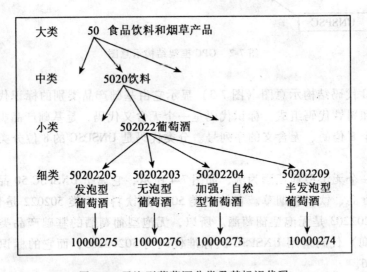

图 7-4 无泡型葡萄酒分类及其标识代码

7.3 联合国标准产品与服务分类

UNSPSC（united nations standard products and services code）是联合国标

准产品与服务分类代码。UNSPSC 是联合国计划开发署 UNDP（united nations development program）于 1998 年主持、委托邓百氏咨询公司（Dun & Bradstreet）开发并临时维护的主要用于 B2B 电子商务和政府间采购的通用的全球产品与服务分类代码。2003 年 5 月 9 日，UNDP 正式宣布 GS1 的成员组织美国统一代码委员会 UCC（uniform code council）为 UNSPSC 永久性的维护专责机构（code manager）。

UNSPSC 依据 SPSC（Dun & Bradstreet standard products and services classification）及 UNCC（united nations common coding system）发展而成。UNSPSC 提供一套全球用来针对产品与服务进行分类的开放性架构（framework）与编码（codesets），目的在于大幅度促进全球商业沟通的效率。

UNSPSC 与国际上现有的其他产品与服务分类标准如 CPC（主要产品分类与代码——联合国统计署开发）、HS（协调制度——海关合作理事会开发）等不同。首先，UNSPSC 的主体分类构架是按照物品的通用功能和主要用途进行分类的，对用户更具有亲和力，便于用户实现全球产品与服务的检索和查询；其次，UNSPSC 是实时维护管理，用户可以随时提出对产品与服务分类的需求；再次，UNSPSC 采取 GSMP（全球标准管理程序）的方式实施用户和维护机构之间的互动。

UNSPSC 是用于全球电子商务和全球采购的分类目录。作为电子商务的基础标准，它是企业全球采购的主要目录。采用 UNSPSC 可以为企业带来巨大的商机，帮助企业产品走向世界。企业在采购时，可有效地找到卖方，并对卖方进行分析。UNSPSC 可为客户提供较好的配销渠道以及交易过程的自动化。

目前，国际上针对电子商务进行的标准化制定工作主要是针对交易的讯息（message）/文件（document）/流程（process）的自动化进行标准化，而针对商业交易描述内容（transactional descriptive information）的标准化则是电子商务的未来趋势。全球遵循一套共同的产品分类架构，则是交易描述内容标准化的必要工作。如同 HTML 及 TCP/IP 的标准导致因特网长足的进展一般，针对产品与服务进行编码标准化，将引导电子商务达到新的境界。

2003 年 12 月，中国物品编码中心取得了 GS1 的成员组织美国统一代码委员会（UCC）的惟一授权，负责 UNSPSC 的本地化工作。中国物品编码中心成立了中国 UNSPSC 动态维护管理中心（UNSPSC-China），负责 UNSPSC 中文版的实施、实时维护和管理，负责在我国开展 UNSPSC 的推广应用工作。

第一阶段的代码集汉化工作已基本完成，面向国内企业的相关技术服务也已展开。同时，中国 UNSPSC 动态维护管理中心还负责向国际 UNSPSC 提交我国对产品和服务分类的需求。UNSPSC 是一个"活"的代码集，是一个动态的国际标准，相邻版本的代码集会根据用户的需求和专家意见，将大类（segment）、中类（family）、小类（class）、细类（commodity）中的部分条目进行增加、修改、移动或删除。代码条目无论是从结构上还是从数量上都在不断变动，版本间具有明显的动态性。

在我国，目前已有一些网站采用 UNSPSC 进行产品的分类。上海跨国采购网采用 UNSPSC 编制产品目录，以确保采购商和供应商能简易快捷地找到所需的产品及服务；机电网按照 UNSPSC 代码进行产品分类；亚商在线按照 UNSPSC 标准创立了一套非生产性物资分类编码，通过基于 UNSPSC 的数据管理体系管理其复杂的产品；美商网把 UNSPSC 视为产品基本信息的构成部分，用于产品关键词搜索。

但是，UNSPSC 在我国的应用还处于初期阶段，对其的认识程度不够深入。目前，国内 UNSPSC 用户以第三方电子商务提供商为主，生产制造类企业尚未见到。目前使用 UNSPSC 编码的用户或者将其作为搭建网站架构的基础，或者将其作为产品分类的基础，对 UNSPSC 代码集的动态变动规律认识不够，而且中国用户对 UNSPSC 系统的参与程度不够，国际化程度有待提高。

7.4 商品名称及编码协调制度

《商品名称及编码协调制度》（harmonized commodity description and coding system，HS）由海关合作理事会（又名世界海关组织）主持制定。它是在《海关合作理事会分类目录》（customs co-operation council nomenclature，CCCN）和联合国《国际贸易标准分类》（united nations standard international trade classification，SITC）的基础上，以 CCCN 为核心，吸收了 SITC 和国际上其他分类体系的长处，参照国际上主要国家的税则、统计、运输等分类目录而制定的。HS 是一种主要供海关统计、进出口管理及国际贸易使用的商品分类编码体系。

HS 的分类原则是按商品的原料来源，结合其加工程序、用途以及所在的工业部门来进行商品分类的。以原料来源为分类的主线条，加工程度及用途为辅线条。主、辅线条相辅相成,再加上"法定注释",人们就能在 HS 所涉及的成千上万的商品中迅速、准确地确定某一商品所处的位置。

《协调制度》主要是由品目和子目组成,即各种各样的商品、名称及其规格,共计 7000 多个 8 位数商品号列,分布于 99 章,22 类项下。

HS 编码是三层六位、两位一层全数字型的分类编码,以六位码表示其分类代号,其中,品目号列是用 4 位数字来表示的,前两位数字是项目所在的章,后两位数字表示项目在有关章的排列次序(按加工层次顺序排列)。第一至第四位码为节(heading),第五、第六位码称为子目(subheading),前面六位码各国均保持一致,第七位码以后是由各国根据自身的需要制定的码数。

从 HS 分类的类、章及每章中品目的排列次序可以看出其分类和编排的规律性。从类来看,它基本上是按生产部类来分类的,即将同一生产部类的产品归在同一类里。从章来看,它基本上是按商品的属性或功能、用途来分类的。而每章中各品目的排列次序一般也是按动、植、矿物质产品顺序排列,而且较为明显的是原材料先于成品,加工程度低的产品先于加工程度高的产品,列名具体的品种先于列名一般的品种。

《商品名称及编码协调制度》的最大特点就是适合于与国际贸易有关的各个方面的需要,成为国际贸易商品分类的一种"标准语言"。它是一部完整、系统、通用、准确的国际贸易商品分类体系。

(1)所谓"完整",是由于它将目前世界上国际贸易的主要品种都分类列出,同时,为了适应各国征税、统计等商品目录全向型的要求和将来技术发展的需要,它还在各类、章列有起基础作用的"其他"项目,使任何进出口商品,即使是目前无法预计的新产品,都能在这个体系中找到自己适当的位置。

(2)"系统"则是因为它的分类原则既遵循了一定的科学原理和规则,将商品按人们所了解的生产部类、自然属性和用途来分类排列,又照顾了商业习惯和实际操作的可行性,把一些进出口量较大而又难以分类的商品,如灯具、活动房屋等专门排列,因而容易理解、易于归类和方便查找,即使是门外汉也不难将其掌握。

(3)"通用",一方面指它在国际上有相当大的影响,已为上百个国家所使用,这些国家的海关税则及外贸统计商品目录的项目可以相互对应转换,具有可比性;另一方面,它既适于作海关税则目录,又适于作对外贸易统计目录,还可供国际运输、生产部门作为商品目录使用,其通用性超过以往任何一个商品分类目录。

（4）"准确"，是指它的各个项目范围清楚明了，绝不交叉重复。

另外，它作为一个国际上政府间公约的附件，国际上有专门的机构、人员进行维护和管理，技术上的问题还可利用世界上各国专家的力量帮助解决，各国也可通过制定或修订《协调制度》，争取本国的经济利益，施加本国的影响。

7.5 联邦物资编码系统

美军是最早对军用物资实行统一编目的军队，目前其物资编目系统仍领先于世界。

美军对物资进行编目最早可以追溯到1914年，当时，海军部为对仓库物资进行有效的管理，从图书馆使用的图书目录卡片中得到启发，决定对仓库物资进行分类编码，以便快速地获取物资的有关信息。第二次世界大战期间，鉴于美军后勤保障管理的混乱，罗斯福总统下令对物资进行分类编码，并建立联邦物资编目系统。1954年，美国国会通过了《国防编目和标准化法》，要求建立统一的联邦物资编目系统，从此，美军物资编目系统建设走向了正规化。

随着科学技术的进步，美军物资编目工作的手段不断改进，编目系统也不断易名，1972年前称为联邦物资编目系统（FCS），1972～1997年称为国防一体化数据系统（DIDS），1997年后称为联邦后勤信息系统（FLIS），但其核心内容并没有改变。

经过半个世纪的正规化建设，美军物资编目系统已成为目前世界上最先进的物资编目系统，编目活动已完全实现了网络化处理。目前，美军物资编目系统管理着美军现用的700多万种物资和世界范围内的2 400多万种物资及零配件的主要信息，为国防部和各军种的253个单位提供统一采集、传输、处理军用物资和军事物流信息方面的服务，是美军后勤真正进入物资可视、无纸办公和电子勤务时代的基石。

美军物资编目的最初目的就是对物资进行分类、编码，为物资的使用管理提供一种有序的手段，以提高工作效率。但随着科学技术的进步，物资管理活动的复杂程度不断提高，物资编目内涵不断扩大，主要表现在以下几个方面：

（1）对物资进行科学命名，即确定一个标准名，以避免同一种物资出现不同的名称，减少识别的混乱。目前，美军标准物资名称词典内有6万多个标准物资名。

（2）对物资的有关属性（如管理、技术、物理、化学属性等）进行选择和描述，以便进行标准化处理。目前，美军物资编目系统使用的数据元词典含有5 000多个标准数据元（属性名）。

（3）依据"物以类聚"的特点，对物资进行科学分类，以利于管理。目前，美军物资被区分为78个大类，643个小类。

（4）进行编码，即对物资的属性进行数字化处理，形成统一的标准。如用一个13位数定义国家物资编号，用一个5位数或字母组合定义标准物资名，用一个4位数定义标准数据元等。物资编目的最终结果是实现一种物资有一个惟一的编号和一串数字化的属性描述。物资编目的实质就是对物资的有关属性进行标准化处理，为其他系统提供基础数据标准。

7.6 车辆识别代号

车辆识别代号（vehicle identification number，VIN）是目前世界上通用的一种代码，它有利于建立统一的道路车辆识别系统，以便简化车辆识别信息检索，提高车辆故障信息反馈的准确性和效果。

VIN的诞生可以追溯到汽车出现的初期，但由于整个车辆行业刚刚起步，因而并未能形成一个正式的标准。进入20世纪的六七十年代，车辆制造业的规模迅速扩大，计算机工业的发展促发了建立车辆识别系统的计划。

较早正式发布的车辆识别代号的标准是1963年美国汽车工程师学会（SAE）标准，最初只是对VIN提出了一些基本要求；1969年，又发布了对发动机和传动系统车辆识别代号的标准；1970年以后，又陆续发布了乘用车、载货车的识别代号标准。

20世纪70年代初，国际标准化组织成立了ISO/TC22/SC20道路车辆技术委员会车辆识别记分技术委员会，秘书处设在美国国家标准化所（ANSI），经过对欧、美各国的车辆识别方案和管理经验的总结和发展，提出了建立世界统一的道路车辆识别系统的方案，并在1975年至1980年间陆续制定、批准和发布了四个国际标准，它们分别是《ISO 3779-1975：道路车辆 车辆识别代号（VIN）内容与构成》、《ISO 3780-1076：道路车辆 世界制造厂识别代号（WMI）》、《ISO 4030-1977：道路车辆 车辆识别代号（VIN）位置与固定》和《ISO 4100-1980：道路车辆 世界零件制造厂识别代号（WPMI）》。

经过欧美各国的实践和协调，针对实际情况，在 1976～1982 年间又相继进行了修订。目前，现行的国际标准是《ISO 3779-1983：道路车辆 车辆识别代号（VIN）内容与构成》、《ISO 3780-1983：道路车辆 世界制造厂识别代号（WMI）》、《ISO 4030-1983：道路车辆 车辆识别代号（VIN）位置与固定》、《ISO 4100-1980：道路车辆 世界零件制造厂识别代号（WPMI）》。《ISO 3779-1983：道路车辆 车辆识别代号（VIN）内容与构成》规定的车辆识别代号由 17 位字码字母、数字组成的编码组成，车辆识别代号经过排列组合，可以使生产的汽车在 30 年之内不会发生重号现象。VIN 具有对车辆的惟一识别性，因此又有人将其称为"汽车身份证"。

车辆识别代号中含有车辆的制造厂家、生产年代、车型、车身型式、发动机以及其他装备的信息，可分为三个部分：第一部分是世界制造厂识别代号（WMI），第二部分是车辆特征说明部分（VDS），第三部分是车辆指示部分（VIS）。

1. 世界制造厂识别代号（WMI）

第一部分是世界制造厂识别代号（WMI）：世界制造商识别代码，位于 VIN 的第 1～3 位，表明车辆是由谁生产的。

全球所有的汽车制造厂都拥有一个或多个 WMI（世界制造厂识别代码），国际标准化组织规定，所有的 WMI 代号将由其指定的国际代理机构——美国汽车工程师学会（SAE）保存并核对。该代码由三位字符（字母和数字）组成，含义如下：

1）第一个字符是表示地理区域，如非洲、亚洲、欧洲、大洋洲、北美洲和南美洲，1～5 北美洲、S～Z 欧洲、A～H 非洲、J～R 亚洲、6 和 7 大洋洲、8、9 和 0 南美洲等。

2）第二个字符表示一个特定地区内的一个国家，美国汽车工程师协会（SAE）负责分配国家代码。

3）第三个字符表示某个特定的制造厂，由各国的授权机构负责分配。如果某制造厂的年产量少于 500 辆，其识别代码的第三个字码就是 9。

2. 车辆特征说明部分（VDS）

第二部分是车辆特征说明部分（VDS）：车辆特征，位于 VIN 的第 4～8 位。不同类型的车辆，其特征所包含的内容不同，其中，轿车的车辆特征包括种类、系列、车身类型、发动机类型及约束系统类型；载货车的车辆特征包括型号或种类、系列、底盘、驾驶室类型、发动机类型、制动系统及车辆额定总重；客车的车辆特征包括型号或种类、系列、车身类型、发动机类型及制动系统。

3. 车辆指示部分（VIS）

第三部分是车辆指示部分（VIS），位于 VIN 的第 9~17 位。

第 9 位：校验位，通过一定的算法防止输入错误。

第 10 位：车型年份，即厂家规定的型年（model year），不一定是实际生产的年份，但一般与实际生产的年份之差不超过 1 年。

第 11 位：装配厂。

第 12~17 位：顺序号，在一般情况下，汽车召回都是针对某一顺序号范围内的车辆，即某一批次的车辆。

目前，采用这套车辆识别系统标准的国家超过 30 个，并在越来越多的国家和地区开始建立。

我国从 1995 年开始着手车辆识别代号的研究，于 1996 年完成了有关车辆识别代号的报批工作，并制定了四个重要标准，它们分别是《GB/T 16735-1997：道路车辆 车辆识别代号（VIN）位置与固定》、《GB/T 16736-1997：道路车辆 车辆识别代号（VIN）内容与构成》、《GB/T 16737-1997：道路车辆 世界制造厂识别代号（WMI）》和《GB/T 16738-1997：道路车辆 世界零件制造厂识别代号（WPMI）》。

这四个标准等同采用了国际 ISO 标准。1998 年，国家机械工业局发布了有关使用 VIN 的规定，使之在同年 10 月 1 日成为汽车行业的强制性标准，使我国朝建立世界统一的车辆识别系统迈出了极为重要的第一步。

附录：国际国内相关机构

1 国际相关机构

1.1 国际物品编码协会

国际物品编码协会（GS1，原名为 EAN International）成立于 1977 年，是一个在比利时注册的非盈利性非政府间国际机构。它致力于建立全球统一的标识系统和通用的商务标准——EAN·UCC 系统，通过向供应链参与方及相关用户提供增值服务来优化整个供应链的管理效率。

继 2003 年美国统一代码委员会（UCC）和加拿大电子商务委员会（ECCC）作为主要成员组织加入国际物品编码协会后，该协会于 2005 年 2 月正式发布将国际物品编码协会（EAN International）的名称变更为 GS1。名称变更意味着 GS1 已从单一的条码技术向更全面、更系统的技术领域发展，GS1 给全球范围商业标识的标准化带来了新的活力。目前，GS1 已有 104 个成员组织，遍及世界 140 多个国家和地区，负责组织实施当地的 EAN·UCC 系统推广应用工作，涉及快速消费品、保健、运输、航空等 20 多个行业。

经过 30 多年的不断完善和发展，GS1 已拥有一套全球跨行业的产品、运输单元、资产、位置和服务的标识标准体系和信息交换标准体系；GS1 的全球数据同步网络（GDSN）能确保全球贸易伙伴都使用正确的产品信息；GS1 通过电子产品代码（EPC）、射频识别（RFID）技术来提高供应链运营的效率；GS1 的可追溯解决方案帮助企业遵守欧盟和美国食品安全法规，实现食品消费安全。

GS1 的成立使一个全球系统成为现实，并在遍布全球的成员组织的支持下创造了一个无缝的供应链流通环境，极大地促进了传统商务和电子商务的发展。

1.2 EPCglobal

全球产品电子代码管理中心（EPCglobal）是隶属国际物品编码协会 GS1 的一个非盈利性标准化组织，继承和拓展了 GS1 与产业界近 30 年成功合作的经验，在 EAN·UCC 系统的基础上，通过发展、管理和推广 EPC 技术来提高供应链上贸易单元信息的透明度与可视性，从而提高全球供应链的运作效率。为了更加快速、自动、准确地识别全球供应链中的商品，EPCglobal 负责制定 EPC 系统的全球标准，并通过各国的编码组织在当地推广 EPC、提供技术支持和培训 EPC 系统用户。

EPC 的概念最初由麻省理工学院 Auto-ID 中心在 1999 年提出。2003 年 11 月 1 日 EPCglobal 成立后，Auto-ID 中心更名为 Auto-ID 实验室，联合全球顶尖的 5 所研究型大学的实验室，共同致力于 EPC 系统的研究，并为 EPCglobal 提供技术支持。

EPCglobal 的组织结构如图 1 所示，其中，

（1）EPCglobal 管理委员会 由来自 GS1、MIT、终端用户和系统集成商的代表组成。

（2）EPCglobal 主席 对 GS1 的 CEO 和全球官方议会组负责。

（3）EPCglobal 员工 与各行业代表合作，促进技术标准的提出和推广，管理公共策略，开展推广和交流活动，并进行行政管理。

（4）架构评估委员会（ARC） 作为 EPCglobal 管理委员会的技术支持，向 EPCglobal 主席做出报告，从整个 EPCglobal 的相关构架来评价和推荐重要的需求。

（5）商务推动委员会（BSC） 针对终端用户的需求以及实施行动来指导所有商务行动组和工作组。

（6）国家政策推动委员会（PPSC） 对所有行动组和工作组的国家政策发布（如安全隐私等）进行筹划和指导。

（7）技术推动委员会（TSC） 对所有工作组所从事的软件、硬件和技术活动进行筹划和指导。

（8）行动组（商务和技术） 规划商业和技术愿景，以促进标准发展的进程。商务行动组明确商务需求，汇总所需的资料，并根据实际情况，使组织对事务达成共识。技术行动组以市场需求为导向，促进技术标准的发展。

(9) 工作组 是行动组执行其事务的具体组织。工作组是行动组的下属组织（可能其成员来自多个不同的行动组），经行动组许可，组织执行特定的任务。

(10) Auto-ID 实验室 由 Auto-ID 中心发展而成，总部设在美国麻省理工学院，与其他四所学术研究处于世界领先的大学通力合作研究和开发 EPCglobal 网络及其应用。

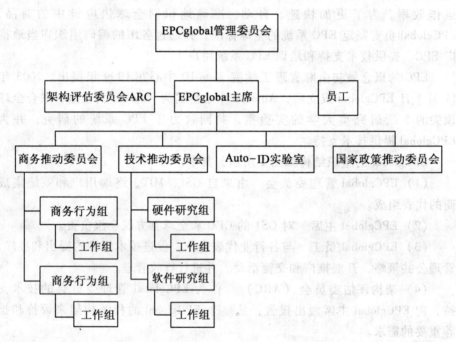

图 1 EPCglobal 的组织结构

2 国内相关机构

2.1 中国物品编码中心

中国物品编码中心于 1988 年经国务院批准成立，是统一组织、协调、管理全国条码、物品编码与标识工作的专门机构，隶属于国家质量监督检验检疫总局。1991 年 4 月代表我国加入国际物品编码协会（即 EAN

International，现更名为 GS1），成为其授权的我国大陆地区惟一的成员组织，负责推广国际物品编码协会建立并在全球推动实施的开放式的国际多行业供应链管理标准——EAN·UCC 系统（在我国称为 ANCC 全球统一标识系统，简称 ANCC 系统）。中国物品编码中心在全国设有 46 个分支机构，负责 ANCC 系统在当地的管理和推广工作，以提高我国电子商务、现代物流及供应链管理的效率，促进我国商品流通和国际贸易。

中国物品编码中心的工作范围主要包括：

（1）统一组织、协调、管理我国的条码和物品编码与标识工作，贯彻执行我国物品编码与标识发展的方针、政策；制定相关的工作规划和计划；

（2）负责我国的商品条码、产品与服务代码、产品电子代码、位置码等全国统一的物品编码进行统一注册；

（3）研究、开发、维护全国物品的编码及标识体系；开展条码、二维条码、射频、电子标签、XML、物流及供应链管理等技术及设备的研发、应用推广和标准制修订工作；

（4）建立物品编码的信息网络和产品信息的服务与应用平台，为电子商务和现代物流的实施提供解决方案及中介服务；

（5）代表我国加入国际物品编码协会等国际组织，参加国际物品编码协会等国际组织的相关活动；

（6）承担中国自动识别技术协会、中国条码技术与应用协会、全国供应链管理和过程控制标准化技术委员会、全国信息技术标准化技术委员会自动识别与数据采集分委会、全国现代物流信息标准化技术委员会等五个组织的秘书处工作。

中国物品编码中心经过近 20 年的艰辛努力，已发展商品条码系统成员逾 14 万家，发展速度居世界之首；上百万种产品包装上使用了商品条码标识；使用条码技术进行自动零售结算的超市已超过万家。紧跟国际国内的形势，编码中心的业务已从单一的条码技术向更全面、更系统的技术领域发展，包括 EDI、XML、ECR、GDS、EPC 及 UNSPSC 等，极大地推动了我国的信息化进程。

作为物品编码管理的权威机构，中国物品编码中心跟踪国际自动识别技术的最新动态，先后制定了一维条码、二维条码、商贸 EDI、动物射频识别等方面的四十多项国家标准，圆满地完成了国家发改委、科技部、国家质检总局下达的《二维条码技术研究与应用试点》等多项国家重点科研任务；开拓了我国二维条码、EDI、供应链管理等标准化应用的新领域，编著出版了《二维条码技术》、《流通领域电子数据交换规范——EANCOM》、《QR Code 二维条码技术与应用》、《电子商务》、《商品条码印刷资格认定工作指南》等专著,为在全社会范围内普及应用条码及自动识别技术提供了可遵循的技术规范和有力的技术保证。

2.2 EPCglobal China

2004 年 1 月 12 日,中国物品编码中心取得了国际物品编码协会的惟一授权,4 月 22 日,EPCglobal China 在北京成立。其主要职责是负责统一管理、统一注册、统一赋码和统一组织实施我国的 EPC 系统的推广应用工作及 EPC 标准化的研究工作。

EPCglobal China 下设注册管理、技术研发、宣传与国际交流、培训与行业推广、系统质量保障五个工作组。各工作组的主要职责如下:

1. 注册管理工作组
- 负责 EPC 工作的组织、协调、管理工作及 EPC 工作的整体规划;
- EPC 系统的注册登记、赋码、续展、收费及系统维护等工作。

2. 技术研发工作组
- 负责研究建立我国的 EPC 技术体系,重点研究 EPC 体系与 EAN·UCC 系统的协调发展。
- 负责 EPC 标准体系的建立及标准制修订工作。
- 为 EPC 系统的推广应用,包括 EPC 技术培训、应用试点建立提供技术支持。

3. 宣传与国际交流工作组
- 负责 EPC 技术的国内外宣传工作及与各部门包括系统用户、IT 企业、相关行业协会的协调与推广应用工作。
- 负责与国际相关组织的技术交流与合作工作。

4. 培训与行业推广工作组
- 负责 EPC 技术的普及和 EPC 系统应用的技术培训工作。
- 负责 EPC 应用示范系统的建立及行业推广工作。

5. 系统质量保障工作组

负责 EPC 系统的一致性测试研究及质量保证体系的建立及实施工作。

EPCglobal China 将致力于以下的工作:

(1) 研究制定我国 EPC 工作的编码及标准化发展的规划和相关的政策、法规。

（2）建立、完善我国的 EPC 系统管理体系，重点做好我国 EPC 注册管理系统的建设与维护工作，向 EPC 用户提供注册、续展、变更及相关信息服务。

（3）建立、完善我国 EPC 技术标准体系，积极参与 EPC 国际标准化的研究及标准制定工作，重点做好我国 EPC 系统关键标准的制定工作。

（4）积极跟踪国际 EPC 技术发展的最新动态，加强 EPC 系统的编码技术及软、硬件产品和相关网络技术标准化的研究，使我国在 EPC 技术标准化的研究方面与国际发展同步。

（5）在兼顾我国 EPC 系统与国际接轨的同时，充分发挥我国作为未来全球制造业中心的优势，积极培育、推动和保护民族产业的发展，为 EPC 系统的应用培养产业队伍，奠定产业基础。

（6）广泛宣传、普及 EPC 知识，加强 EPC 技术培训，提高全社会对 EPC 系统及应用的认知度。

（7）建立 EPC 技术应用的示范系统，推动 EPC 系统在国民经济各行业的应用，特别是 EPC 系统在物流配送、可回收资产跟踪等重点领域的应用。

（8）完成我国的 EPC 系统管理体系和技术标准体系的建设。

（9）大力发展我国的 EPC 系统成员，重点发展物流、可回收资产追踪、制造业等适合于采用单品标识的行业和领域的 EPC 系统成员，使 EPC 系统成员队伍初具规模。

（10）使 EPC 技术在我国的物流配送、资产追踪、贵重物品管理等重点领域得到较为广泛的应用。

（11）促进我国自动识别技术和信息产业的发展，提高我国现代物流和电子商务的效率。

2.3 中国自动识别技术协会

中国自动识别技术协会（automatic identification manufacture association of China，AIM China）是国家一级协会，业务主管部门是中国国家质量监督检验检疫总局，接受中华人民共和国民政部的监督管理，具有独立法人地位。中国自动识别技术协会是国际自动识别制造商协会（AIM global）的国家级会员。

中国自动识别技术协会是由从事自动识别技术研究、生产、销售和使用的企事业单位及个人自愿结成的全国性、行业性、非盈利性的社会团体。业务领域涉及条码识别技术、射频识别技术、生物特征识别技术、智能卡识别技术、光字符识别技术、语音识别技术、视觉识别技术、图像识别技术和其他自动识别技术。

协会的工作范围如下:
(1) 向政府和有关部门提供先进技术和政策咨询;
(2) 研究起草有关行业标准,编写有关技术资料;
(3) 在国内外开展有关学术与技术交流,举办自动识别技术展览会、研讨会和培训班,组织会员单位和专业技术人员出国考察、培训;
(4) 根据委托,承担有关项目的论证和科研成果的鉴定,对自动识别技术的产品、应用系统进行评审和认证,发布协会公告;
(5) 建立全国自动识别技术信息网络,促进企业、事业、科研单位之间的技术交流与合作,向会员单位和社会提供咨询服务;
(6) 开展自动识别技术产品、应用系统的开发、鉴定和技术转让;
(7) 出版协会的正式出版物和专业技术资料;
(8) 建立自动识别技术专业委员会,加强行业管理;
(9) 承办国家有关政府部门交办的其他工作。

协会自 2001 年正式成立以来,始终致力于自动识别技术的推广应用,负责组织举办每年一度的"SCAN-CHINA 国际自动识别技术展览会",出版《中国自动识别技术》杂志、年度报告,组织国际交流,制定协会标准。从 2002 年开始至今,先后出版了《现代自动识别技术与应用》、《中国条码发展报告》、《条码与射频标签应用指南》、《EPC 技术基础教程》、《条码阅读设备技术规范与应用指南》、《条码标签应用指南》、《条码打印机技术规范与应用指南》、《中国自动识别年度报告》等多本专业书籍,制定了《条码阅读设备通用技术规范》、《汽车零部件用 EAN·UCC 系统编码与条码标识》、《无源射频标签通用技术规范》、《射频读写器通用技术规范》、《自动识别企业评估指标》等 9 个协会标准,完成了 ISO0/IEC18000 系列国际标准的跟踪、同步翻译及国家标准草案的起草工作,出色完成了多项大型国际学术、交流活动的组织工作,与欧洲 AIM、日本自动认识系统协会等建立了良好的合作关系,为我国自动识别产业的健康发展打下了坚实的基础。

主要参考文献

[1] 张成海. 现代自动识别技术与应用. 北京：清华大学出版社，2003

[2] 王忠敏. EPC 与物联网. 北京：中国标准出版社，2004

[3] 中国物品编码中心，中国自动识别技术协会. 中国自动识别技术年度报告. 北京：机械工业出版社，2005

[4] 边肇祺，张学工，等. 模式识别. 北京：清华大学出版社，1999

[5] 中国物品编码中心. 条码技术与应用. 北京：清华大学出版社，2003

[6] 矫云起，张成海. 二维条码技术. 北京：中国物价出版社，1996

[7] Klaus Finkenzelle. 射频识别（RFID）技术——无线电感应的应答器和非接触式 IC 卡的原理与应用. 陈大才译. 北京：电子工业出版社，1999

[8] 纪震，李慧慧，姜来. 电子标签原理与应用. 西安：西安电子科技大学出版社，2006

[9] 刘守义，毛丰江，苏全副. 智能卡技术. 西安：西安电子科技大学出版社，2004

[10] 王爱英. 智能卡技术——IC 卡·2 版. 北京：清华大学出版社，2004

[11] Wolfang Rankl, Wolfang Effing. 智能卡大全——智能卡的结构、功能、应用. 3 版. 王卓人，王锋译. 北京：电子工业出版社，2002

[12] 柴肖光，岑宝炽. 民用指纹识别技术. 北京：人民邮电出版社，2004

[13] 李在铭，等. 数字图像处理、压缩与识别技术. 西安：西安电子科技大学出版社，2000

[14] 王耀南，李树涛，等. 计算机图像处理与识别技术. 北京：高等教育出版社，2001

[15] 邓炜，王军安，杨永生. 计算机图像识别系统的设计与实现. 计算机应用研究，2000（6）：1-8

[16] 蔡连红，黄德志，蔡锐. 现代语音技术基础与应用. 北京：清华大学

出版社，2002

[17] 何湘智．语音识别的研究与发展．计算机与现代化，2002（3）：3-6
[18] 王丙义．信息分类与编码．北京：国防工业出版社，2003
[19] Ranjan Rose．信息论、编码与密码学．武传坤译．北京：机械工业出版社，2004
[20] GB/T7027：信息分类和编码的基本原则与方法．
[21] GB/T 10113：分类与编码通用术语．
[22] GB/T 2001.3：标准编码规定　第3部分：信息分类编码．
[23] 王丹，王文生．元数据与数据元的内涵及其应用．农业网络信息，2005（11）：27-30
[24] 张晓林．元数据研究与应用．北京：北京图书馆出版社，2002
[25] 吴显义．我国元数据研究现状分析．情报科学，2004，22（1）：55-58
[26] 赵林度．供应链与物流管理理论与实务．北京：机械工业出版社，2004
[27] 黄梯云，李一军．管理信息系统．北京：高等教育出版社，2002
[28] GB/T 17710-1999：数据处理　校验码系统．国家质量技术监督局
[29] GB/T12904-2003：商品条码．
[30] GB/T16827-1997：中国标准刊号条码（ISSN部分）．
[31] GB/T13396-1992：中国标准音像制品编码．
[32] GB/T 12906——2001：中国标准书号条码．
[33] GB/T 18127-2000．物流单元的编码与符号标记．
[34] 韩树文．联合国标准产品与服务分类代码本地化工作的理论与实践．条码与信息系统，2005（2）
[35] 王忠敏．EPC技术基础教程．北京：中国标准出版社，2004
[36] GB/T 16986：EAN·UCC系统应用标识符．
[37] 刘万轩．全球数据同步——信息化社会的全天候世界博览．条码与信息系统，2005（6）
[38] 李素彩．全球数据同步——供应链贸易伙伴电子商务的基石．条码与信息系统，2005（3）
[39] 胡嘉璋．全球产品分类应用指南．条码与信息系统，2005
[40] 孔洪亮．殊途，同归否？——EPCglobal网络与GDSN的对比分析．条码与信息系统，2005（2）
[41] 钟其兵，陈波．中间件技术及其应用研究．微机发展，2005，15

(6): 72-74
[42] 宋丽华,王海涛. 中间件技术的现状及其发展. 数据通信, 2005 (1): 51-54
[43] 聂彤彤. 中间件技术的发展与应用. 中国信息导报, 2005 (7): 59-61
[44] 尹孟嘉. 基于中间件的电子商务集成系统研究. 福建电脑, 2005 (6): 37-38
[45] 刘绍凯. 中间件在电子商务中的应用. 电脑知识与技术, 2005 (3): 87-88
[46] 左生龙,刘军. 全球数据同步网络和产品电子代码网络的整合. 物流技术, 2005 (4): 78-80
[47] 中国物品编码中心网站, http://www.ancc.org.cn/
[48] RFID 射频快报, http://www.rfidinfo.com.cn/